大是文化

一流人物要有的

觀察力 圖解

條件不如人，卻能到處吃香，做事被挑毛病，總能迅速逆轉，
掌握觀察力，優點馬上被看見。

擅長將複雜難懂的知識，換成圖解的專家
速溶綜合研究所 ◎著

比基涅斯博士　　　　性別：男　年齡：55 歲

速溶綜合研究所的研究員，專攻社會學。常年帶著助手到不同的地方去考察，喜歡在隨身攜帶的手帳上記錄各種細節。最近對於社會人的自我啟發也產生了興趣。最喜歡的身體部位是鬍子。

艾瑪　　　　性別：女　年齡：25 歲

比基涅斯博士的得力助手。由於有新聞記者的經歷，所以對於現場的確認特別執著。認真是艾瑪最大的特點，所以很多時候說話比較直，但她是內心非常淳樸善良的女孩子。

小廣　　　　性別：男　年齡：23 歲

剛進入公司 1 年的小職員。在大學裡沒有過社團活動的經驗，所以不是很擅長社交。遇到困難時愛獨自想像情景，不過最終還是會回到現實。雖然在工作上也容易糾結，但是也很喜歡動腦筋，遇到挫折總能找到戰勝的方法。

人物簡介

小星　　性別：男　年齡：28 歲

在職 6 年，是小廣所在部門的前輩，也是林組長得力的助手。平時性格開朗，樂於助人，經常幫助公司的其他同事。喜歡與大家分享自己的工作經驗，受到大家的喜愛。

小步　　性別：女　年齡：22 歲

與小廣同一年進公司的新人，座位在小廣的正後方。擅長 Excel 等辦公軟體，非常樂於在這方面幫助同事。由於重視團隊精神，當部門成員在一起討論問題時，她經常積極發言。

林組長　小澤　小池　公司同事

小廣公司裡的上司和同事，彼此很和睦，經常在一起討論問題，互相幫忙。雖然他們各自的意見不同，但他們的意見成了小廣在危急時刻腦洞大開的助力。

CONTENTS

第4章 魔鬼藏在細節裡，讓觀察力為成交開路……107

CONTENTS

tips
tips
tips

推薦序一

觀察力就是你的實踐力

數位行銷專家／織田紀香

常言道：「眼觀四面，耳聽八方」，拿來形容職場上該具備的基本能力，再適合不過。在工作上，我常跟同事分享「用眼看、用心讀、用手做」這句話，尤其現今職場環境不像過去單純，彼此社交關係複雜，工作不再只是顧好自己就好，很多時候還得跨部門協同作業，共同完成工作。所以，要想從中脫穎而出，擁有敏銳強大的觀察力就很重要。

當我還是一位菜鳥上班族時，部門主管曾對我說：「在這上班，沒有人會教妳任何事情，不會有人為妳負責。想要學到什麼，就得好好在一旁觀察，看別人怎麼做，自己跟著做看看，其他多的，就看妳能看到多少學多少。」他那帶有挑釁意味的話語，在我的腦海中留下深刻記憶。從那次之後，不論工作上的大小事，我總是會特別觀察別人怎麼做，做的順序為何，逐步的將別人職場上累積下來的工作經驗，透過觀察轉化、吸收成為我的一部分。

從事行銷工作，平常必須透過大量觀察，去發掘、洞察消費者的特性、特徵，因此在職場中，我很早就培養出各種觀察的技巧。藉由這些觀察之後得來的觀點、看法，能幫助我在職場上，分辨出工作與想法上的「差異化」。我能夠靠著過去累積下來的觀察資訊，建立出一套與市場溝通的脈絡，進而摸索出一套只有我擅長操作與執行的方法，為工作執行效益帶來最大化的表現，獲得職場中更多的認同。

《一流人物要有的觀察力》第一章提到的內容，是多數人進入職場工作時，要用心、要長眼的工作首要原則。透過平常在工作上的觀察，了解別人的好惡，找出主管或老闆的喜好，並投其所好，多數時候能為自己在職場上的表現，獲得不少加分。而且懂得運用觀察力，看出人際關係之間的差異，再加以妥善運用，也能為自己想要推動的事情，帶來強大的助力。

要培養觀察力，可以先從妥善運用「觀察」技能做起，養成良好的習慣，在日後不論是工作或生活上，必定可以帶來許多的幫助與好處。透過這本書，你可以學到不少累積觀察力的技巧、方法，還有職場實戰的應用，對於自我成長，或是爭取工作表現，定能有所幫助。

推薦序二

我們都誤以為自己沒問題的小事——察言觀色

利眾公關董事長／嚴曉翠

我尋找這個主題的書很久了，我自己也很驚訝一直沒看到！

公關是個研究組織及利益關係人的專業及學科，我一直從事這個專業工作，也在大學教這門學科。教同事以及教學生研究專業主題都不是最難的，但教他們怎麼看懂這當中所有人的眉眉角角，就讓我一直很困擾了，常想他們是怎麼長大的？家庭環境中不會有這些社會化的教導嗎？

也許多數人都不認為自己有這個問題，更或許有這個困擾的人也避而不談，所以並沒有太多這類社會化主題的書寫。能有機會看見並為文寫推薦序，讓初入社會的新鮮人學會看臉色，幫助他們能在職場的路更順遂，真是開心的事。

察言觀色有多重要，從許多成語、諺語都有相關字詞就能得知。臺語有兩個字我很喜歡，也是跟這有關。臺語誇讚一個人很有察言觀色能力會說他「目色真好」；相反的情況就會說這個人很「白目」。可見，用眼耳鼻舌身意去偵察自己身邊的相關人，讓自己的工作或人生趨吉避凶有多麼重要。

回顧我自己成長的歷程，察言觀色的能力是如何學習培養的呢？這要感謝父母及家裡做生意的環境，給了我比別人早一步的情境實戰訓練。但現在多數的社會新鮮人，可能是家中唯一或唯二子女，且大學畢業前的任務只有把書念好。沒有人教導如何及為什麼需要察言觀色，這本書正好提供了這樣的輔導教學功能。

本書作者從觀察力對工作的重要性開始談起，接著教你如何透過不同的面向，觀察提升所在職場的人際關係及求職或升遷機會。然後再教你對外開發客戶或與客戶會議交涉談判時，如何運用觀察技巧來趨吉避凶。最後再轉向生活周遭的運用，運用觀察力在工作以外的人生也能順利愉悅。

把書看完就會變專家嗎？我想應該不會！建議你應該把它當作參考書，隨時閱讀、隨時練習，而且是反覆練習。我相信你會覺得生活中的一切都變得很有趣，因為連搭電梯觀察他人的反應，都可以在書中找到練習題。而這一切都是希望你的人生變得更美好，找到那個更好的自己。

第1章

這個人樣樣不如我，為何比我受歡迎？

1 行動前先觀察，你就不會好心辦壞事

觀察是認識世界的重要手段，它能提供你想要的訊息，又能讓你透過現象看到本質。如果能在生活中擁有良好的觀察能力，對你的幫助是顯而易見的。

小廣和小步同為公司新人，工作中常會遇到不懂的問題，需要請教其他人。小廣的一貫做法是看到誰在旁邊便去請教誰，也不管對方是否方便。礙於情面，一開始同事都會盡力幫他，但久而久之，大家不僅感到厭煩，還覺得他做事的能力不行。

與小廣不同，小步遇到需要請人幫忙時，往往會先留意觀察一下，大家當下的具體情況——誰比較有空，誰又看起來比較樂意助人，認準人之後再去請教，這樣不僅不會使對方覺得麻煩，問題也能順利解決。

會觀察往往意味著，我們能「跳出自己的圈子」，以全域的視角觀察問題。就像在籃球比賽時，每位球員都要隨時觀察全場動態，知道隊友站在哪裡，能否與

QUESTION 疑問

看到同事忙不過來，去幫忙的時候卻變成了「好心辦壞事」，怎麼才能避免這種情況呢？

不會觀察的人做起事來也不會順利

事前觀察能使你更容易獲得他人的幫助

ANSWER 回答

行動之前要先觀察，幫助別人也不例外。如果不能事先了解清楚對方真正需要的是什麼，你的幫忙可能就成了「越幫越忙」。

自己配合。只有這樣默契合作，才能贏得比賽的勝利。

工作當中常需要觀察他人的立場。想像一下，你精心策劃了一個新專案，提報之前是否考慮過公司其他同事的內心想法？對於老闆來說，最在乎的是公司效益；技術主管關心的是實施細則；而財務主管則會盯住流水帳……。如果你沒有站在其他人的立場上思考問題，那麼你的專案可能就會有麻煩了。

我們在評判工作能力高低時有各種評價指標，其中很重要的一項，就是能否站在對方的立場觀察思考問題。要採取行動時，以下兩個方面的觀察很重要：

1. 對方的立場

每個人的心裡都有自己堅持的原則和立場，這會給你的行動確定範圍，別人也是一樣，弄清對方的立場，可以避免踩到對方的「地雷區」。一般人不會輕易表達自己的立場，這需要你透過觀察對方的種種外在表現來獲得。

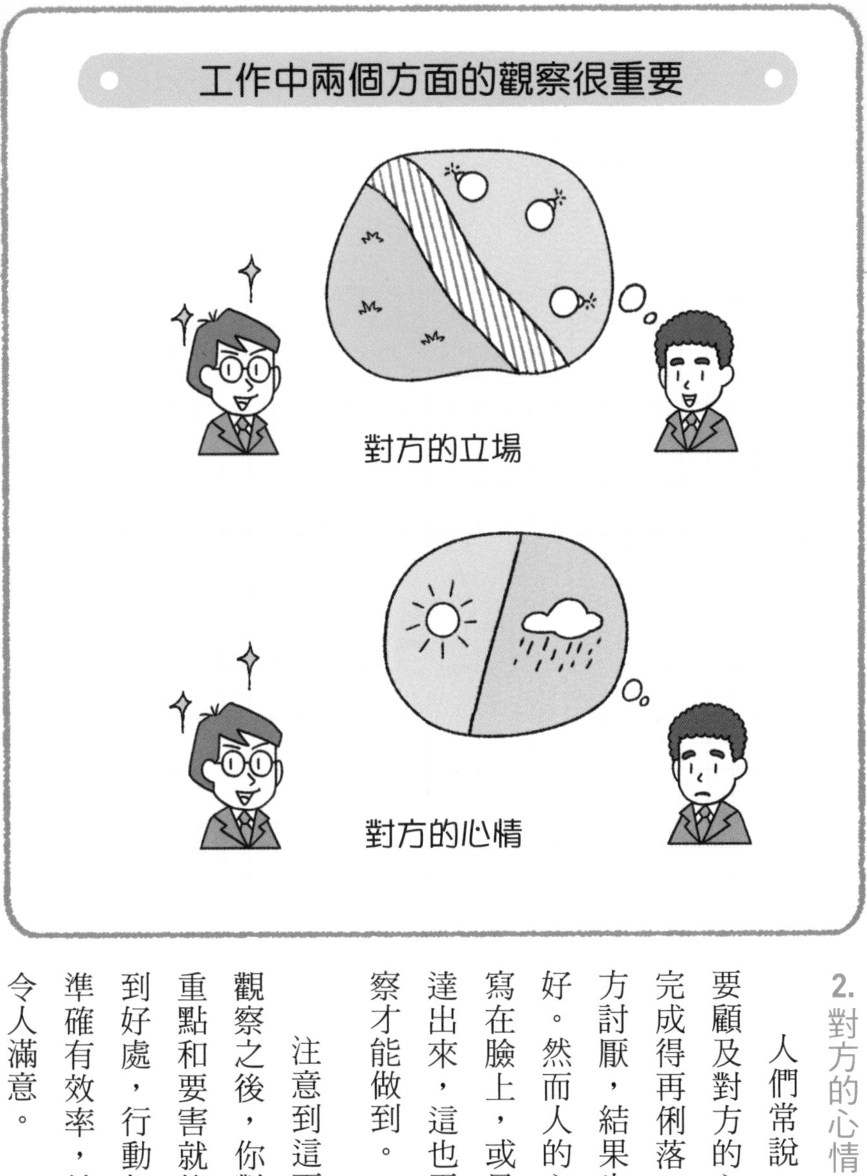

2. 對方的心情

人們常說，說話做事要顧及對方的心情。工作完成得再俐落，如果讓對方討厭，結果也往往不會好。然而人的心情不會都寫在臉上，或是明白的表達出來，這也需要細心觀察才能做到。

注意到這兩個方面的觀察之後，你對於工作的重點和要害就能把握得恰到好處，行動起來會更加準確有效率，結果自然會令人滿意。

2 觀察能力並非天生，經驗可以幫你

不是所有人天生都會觀察，而與此對應的觀察力也不是與生俱來的。因為觀察力是後天獲得的一種能力，需要透過不斷的學習和訓練，才能一點一滴的累積和提升，它的基礎是過去的知識和經驗。

小廣到職後接到的第一份任務——處理每天數十位客戶打來的諮詢電話。他很慶幸自己大學時，曾經兼職做過電話行銷的工作，累積不少與客戶接觸的經驗和電話交流的技巧，因此在和新客戶溝通時，他表現得十分得心應手。在體會客戶語氣、對話方式的同時，對照自己過去的經驗，推測客戶的心理變化，讓他精準掌握了不少的客戶資訊，最後出色的完成了這項任務。

和其他能力一樣，一旦有過相同或類似的經驗，你的觀察也會變得比之前更為輕鬆、準確和有效率。這就好比是指紋識別，觀察時，將過去的知識經驗和當

QUESTION 疑問

嘗試了很多關於觀察的方法和技巧之後，為什麼我的觀察力還是沒有明顯的提高呢？

過去相同的經歷能讓你的觀察變得更有效率。

ANSWER 回答

觀察時僅有方法還不夠，還需要堅實的基礎，也就是豐富的知識和經驗作為能力的保證。

前遇到的事情放在一起，進行關聯、比對和篩選，從中快速找到應對的辦法。因此我們可以這麼說：觀察力的本質就是指紋驗證。

相同的一件事情，對於一個缺乏知識、經驗的人，和一個有豐富知識、經驗的人來說，觀察得到的結果可能是截然不同的。例如在觀察天氣時，如果我們熟悉前人總結出來的一句俗語：「早霞不出門，晚霞行千里。」就可以根據相關常識，透過觀察到的雲霞來分析天氣變化，從而判斷出今日能否出門、何時出門、是否需要帶雨具等；可是如果是一個完全沒有經驗、沒有相關常識的人來觀察，那麼他得到的回饋只會是美麗的雲霞。

可見，已有的知識對於觀察者來說是多麼的重要！其實，觀察時必然會動用到已有的知識、經驗，也只有擁有豐富知識儲備和經驗閱歷的人，才能取得良好的觀察效果，也才能達到觀察「力」的高度。

觀察力的本質，就像是驗證指紋

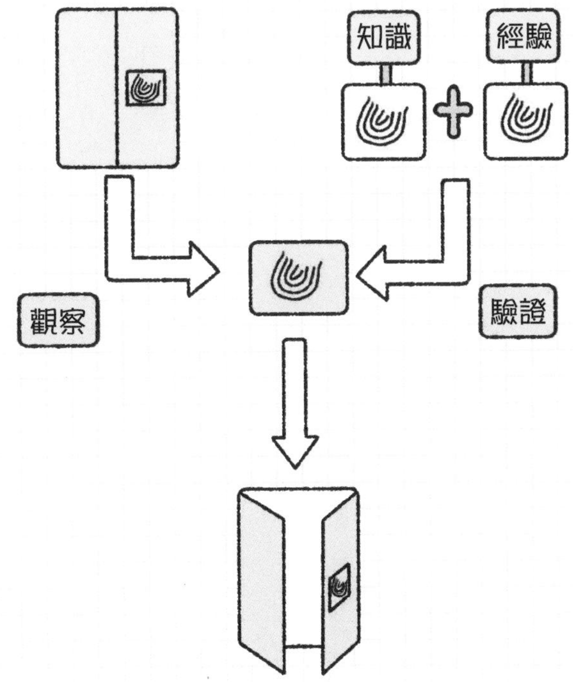

人的時間和精力是有限的，想要累積足量的知識和經驗，除了平時不斷的學習和體驗，還可以多向閱歷豐富的人請教，聽聽他們的感悟，吸收他們的經驗為己所用。做到這些之後，每次的觀察真的就可以像指紋驗證那麼簡單、有效率了。

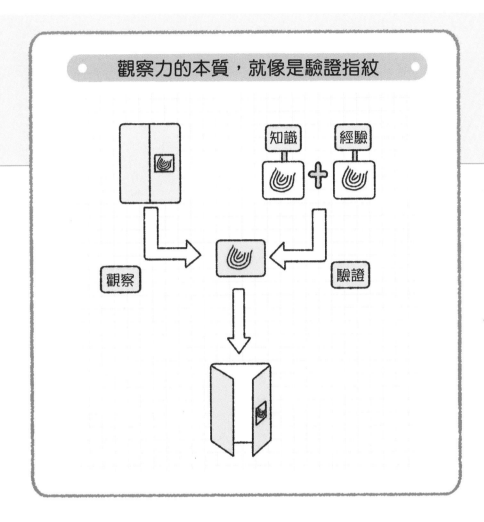

3 這是把對手變朋友的最好方法

德國哲學家馬克思（Marx）曾說過：「人的本質並不是單個人所固有的抽象物，在其現實性上，它是一切社會關係的總和。」這句話表示，社會屬性是人的本質屬性，人的生活離不開社會關係和社交活動。身處於職場中，懂得改善人際關係是必須掌握的技能，而善於觀察，即是幫助我們的最好手段之一。

小池和小澤同為公司的得力助手，也是實力相當的競爭對手，所以關係一直處於緊張狀態。小池很想改變這種局勢，讓兩人關係和諧起來，所以便開始有意識的觀察小澤的言行。好幾次，小池發現小澤下班後總是會去健身房，這剛好和自己的愛好相同。於是，健身這個話題成為重建兩人關係的突破點，幫助他們慢慢消除了多年的芥蒂，讓兩人從對手變成了好朋友。

不難看出，改善人與人之間的關係有時並不困難，只要你肯多留心對方的一舉一動，總能找到其中的突破點。

QUESTION 疑問

作為公司的新人，怎樣才能快速融入同事的朋友圈呢？

ANSWER 回答

想要建立良好的人際關係，用心觀察是首先要做的事情，找到諸如共同的興趣愛好之類的突破點，獲得他人的好感將不是難事。

人際關係常常決定著一個人的工作狀態。如果你擁有和諧的人際關係，你會保持高效率的做事狀態。相反的，如果你不擅交際，或者總是處於緊張的人際關係中，那麼你很可能會被孤獨、焦慮包圍，工作狀態也會不盡如人意。

想要建立良好的人際關係，你可以嘗試從以下三個方面著手觀察：

1. 尋找與對方的共同點，以便產生共鳴

改善人際關係最快捷的方法是尋找雙方的共同點，找到共同語言。例如，很多人在初次見面時都會注意對方說話的口音，並以詢問對方的家鄉來打開話題，如果兩人來自相同或相近的地方，那麼彼此間就很容易產生共鳴。

2. 觀察對方的興趣

每個人都有自己的興趣、愛好，去尋找和發現它們。這樣做不僅可以使你更加了解對方，也便於你在交往的過程中投其所

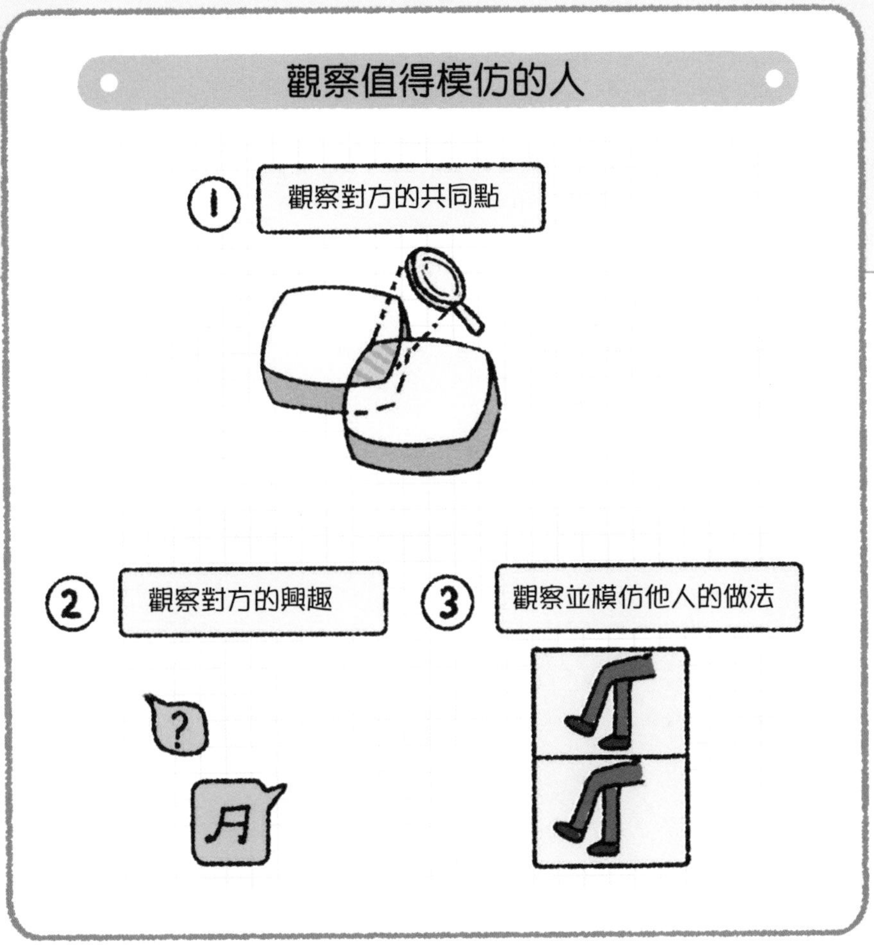

好，激發對方的熱情和好感。

3. 觀察並模仿他人的做法

面對不擅長對付的人時，觀察能夠應付他人的做法進而模仿，這是快速提升自己交際能力的有效手段。

人際關係的改善不是單憑善於觀察就能做到，真誠、恰當的表達等也很重要，但是不管怎樣，觀察在其中發揮的作用是不可替代的。

4 蹲低姿態，便能清醒辨識一個人

作為職場新人，學會放低姿態去觀察，是一種基本且有效的工作策略，這能讓你對工作中的人和事，有一個快速且清晰的認識，並且為融入團隊，取得事業上的成功，打下良好的基礎。

小星剛進公司時由於學歷高、工作能力強，頗受老闆的賞識，可是讚賞的話聽多了，讓他的態度漸漸傲慢起來。他很少聽取他人的建議，認為別人都不如自己。後來，同事的疏遠和排斥，讓小星意識到了自己的問題，他嘗試放低自己的姿態去待人接物，做事前主動徵求別人的意見。不久，小星發現原來身邊的每個人都有各自的特點，他們有很多值得自己去學習的地方。從此以後，他經常虛心向同事請教問題，也漸漸取得了他人的認可。

由此可見，自大往往讓人喜歡居高臨下的觀察，因而容易看不清事實，產生歧視和偏見；而放低姿態能讓人摒棄自身情緒所帶來的干擾，讓觀察更準確真

QUESTION 疑問

　　為什麼樣樣都不如我的人，卻比我更受到大家的歡迎？

ANSWER 回答

每個人都有自己的長處，這需要你放低姿態去發現。

實，也讓人在交流時更容易獲得別人的好感。

生活和工作當中，很多事情不從低處觀察是看不到的。相信大家對皇帝微服私訪的故事一定有所了解：為了體察民情，皇帝假扮成普通人，去觀察國家的實際情況，這時看到的結果，與高高坐在金鑾殿上所看到的往往有天壤之別。的確，想要了解事物的真實一面，僅看表面或是以高姿態俯視是完全不夠的，我們必須學會降低自己的視線和姿態，使之與事物更接近。

1. 放低姿態，觀察更客觀

居高臨下看事情，往往會讓我們戴上一副「有色眼鏡」，高估自己，看低別人，大大降低我們觀察的精準度。相反的，只有放低姿態去看待事物、對待他人，才能做出最真實的判斷。

2. 放低姿態，顯示你的尊敬

俗語說：「滿招損，謙受益。」觀察時也是如此。在和他人

打交道時，隨時觀察對方的語氣、神情和心情，這不僅能讓你更了解對方，行為本身也是尊敬對方的表示。

放低姿態並不是壓抑自己，也不是低聲下氣的討好他人，而是讓你更清醒的認識他人，用更真誠、謙和的態度去看待人和事。

觀察書架，找到對方感興趣的話題

書架反映的不僅是購書人的閱讀習慣，它更是一種以實物的形式展示個人特點的方式，包括展示興趣、憧憬、工作方式，甚至夢想，所以觀察別人的書架是一件很有價值的事情。買書其實並不是件難事，把書扔掉或者丟在一旁更是容易，但是，如果一本書被購書人放在書架上，那麼一定有存在的意義。

觀察別人的書架，能夠讓我們了解對方將什麼帶回了家，又將什麼裝進了大腦。

如果你發現書架上面擺放的大都是百科全書，則說明對方是學院派；如果擺放的全是雜誌，說明對方是娛樂派，愛好流行時尚……這樣簡單的觀察，很容易就能讓我們看出對方的興趣，以此為突破點找到共同話題，或是找到相同的興趣拉近雙方的關係。當你想拉近和上司的關係時，買幾本上司所看的書吧。仔細閱讀後，在與上司交流時引用其中的內容典故，可以幫助你順利引起上司的注意。

觀察書架

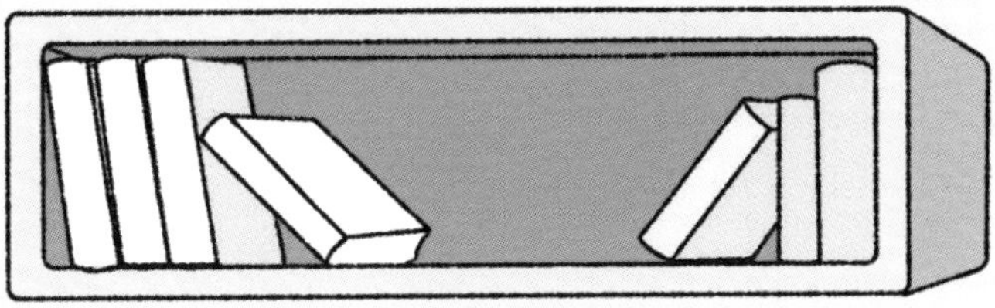

很多人對書籍在書架上的排列擺放也很講究，透過對這方面的觀察，你還能分析出讀書人的性格和習慣。毫無邏輯的擺放書籍，說明對方性格隨和，不拘小節；而精心整理，嚴格按照字母順序或不同作者排列的人，肯定心思縝密，邏輯感強；當你發現書籍按照書的顏色，或者書脊高低排列的話，說明讀書人更鍾情於外觀及展示。

書架不僅展示興趣、習慣，也透露出讀書人近期的生活，仔細觀察，你一定能從中有所發現。

1. 將行動和書關聯起來，書能反映在做的事情

近期閱讀的書籍很可能與讀者的行動有所關聯，比如觀察到考試用書，說明讀者很可能在準備考試；而觀察到書架上很多書是以食譜為主，那麼讀者一定愛好美食，常在家練習烹飪；如果景點介紹、旅行攻略類書籍很多，說明書的主人正在計畫一次旅行……。

2. 書和話題關聯，什麼樣的書表示關注什麼樣的話題

書籍亦是每日的話題，觀察對方近期所看的圖書，就能發現他近期關注什麼樣的話題。比如對方在閱讀體育雜誌，那麼話題就會聚焦到比賽賽事、運動員的主題；如果在關注政治類的圖書，那麼他聊天的內容不外乎就是國家大事……。

書架作為一個生活必需品，每天都會出現在我們的視野裡，既普通又特殊，它是幫我們製造話題的好幫手。而我們作為一個觀察者，需要善於從中發現其背後隱藏的訊息，利用它去讀懂更多人吧！

簡單實踐法

觀察他人的書架，可以利用下面的表格，將自己觀察到的內容，根據文中介紹的方法記錄下來。在不斷的實踐中，去提高自己的觀察力。

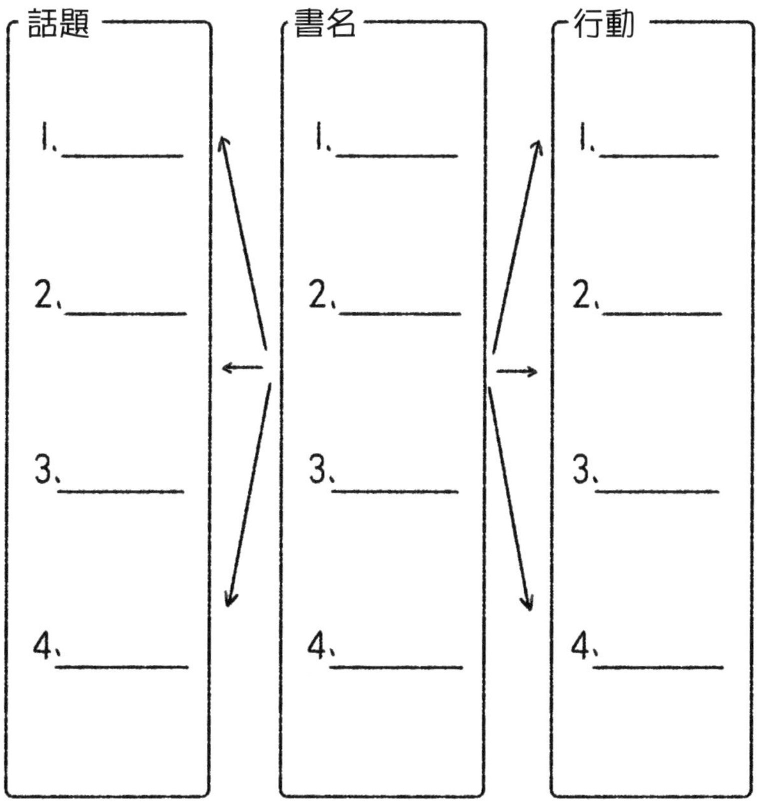

第2章

換位觀察，是一流人物必備的能力

1 把自己的腳放入他人的鞋子裡

福特汽車公司創辦人亨利・福特（Henry Ford）曾說過：「成功的祕訣，在於把自己的腳放入他人的鞋子裡，用他人的角度來考慮事物。」從對方的角度看待事物是溝通交流的必備能力，尤其是在工作當中，如果你能把它掌握好，將會在人和事兩方面都得心應手；如果不能掌握，則可能會給你帶來不必要的麻煩。

小廣到職一年後，接到一個重要的挑戰性工作——為新專案撰寫企畫案。他加班工作了一週，終於將五個企畫方案交到了經理手中。可是不到兩天，經理找到小廣，指著成本預算處一個標錯的小數點大發雷霆。小廣覺得很委屈，自己辛苦工作這麼久，不過是標錯一個小數點，有什麼大不了的。經理說道：「對你來說，錯的只是一個小數點，但是對於我來說，這一處小錯可能會造成公司的財務損失，甚至可能會失去整個專案。」

可見，站在對方的角度看事物多麼重要！這不僅能讓雙方的交流更和諧，還

QUESTION 疑問

上司明明知道我沒有文案方面的經驗，為什麼還要指派我去做這個專案的文案企畫呢？

ANSWER 回答

如果單從自己的角度無法解釋對方的行為，那就試試換位觀察，從對方的角度去看待問題，這時往往就能得到答案了。

能有效避免不必要的損失。

其實，工作就像一場跑步接力賽，無法憑藉一己之力獨自完成，只有每一個參賽者團結合作，才能順利抵達成功的終點。由於每個人看待事物的角度不同，在工作中往往會產生分歧，但這並不代表誰對誰錯。如果產生分歧的雙方，能夠站在對方的角度看問題，理解對方的初衷，不僅可以消除分歧，得出對雙方都有利的雙贏意見，還能提升團隊的默契程度。

日常工作中，上司與下屬之間就是需要這種站在對方的角度，換位觀察思考的習慣：

1. 從上往下，員工要以上司的角度觀察自己的工作

工作中，常會聽到有人抱怨上司「要求嚴苛」、「吹毛求疵」等。但如果員工能站在上司的角度觀察，當下屬犯了同樣的錯誤時，恐怕也會責備下屬做事拖拉、粗心之類吧。所以，換位觀察能夠幫助我們發現自身的錯誤，而不是抱怨和推卸責任。

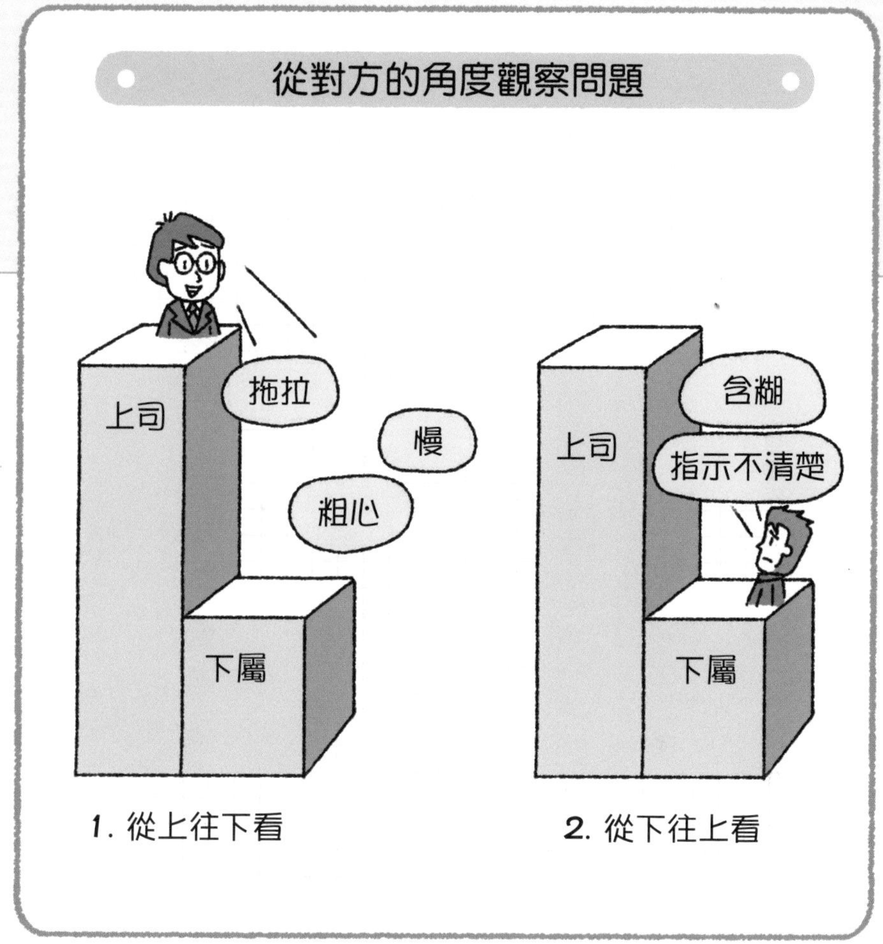

2. 從下往上，即上司要能以下屬的角度觀察自己的工作

同樣的，如果上司以下屬的角度換位觀察，也會很容易的發現自己存在諸如指示不清楚、工作安排不合理之類的問題，給下屬的工作帶來很大的困擾，進而反思並改進自己的管理方法。

學會換位觀察，從對方角度看事物，工作中的人際關係和效率，都會得到實質的改善。

2 觀察辦公用品，看出工作態度

對於朝九晚五工作的職場人來說，辦公環境是我們非常熟悉的地方。但是，你是否留心觀察過同事身邊的辦公用品呢？實際上，辦公桌上的物品能反映一個人工作的態度，對辦公用品越講究的人，對待工作的態度也就越認真。

小廣是公司的新進員工，很希望自己能夠快速成長，所以他開始觀察組內工作業績最佳的小星，想向他學習工作方法。小廣發現小星雖然平時負責的大都是文案類工作，卻時常保持著一份學習新事物的好奇心。為了豐富自己的專業知識，他購買了行銷學、心理學、電腦等相關的專業書籍幫自己充電；為了深入研究公司的廣告頁面及產品形象設計，他特別購買了一塊設計師專用的繪圖板，安裝了 Photoshop、Illustrator 等設計軟體……。這種勤奮認真的態度，不僅讓小星在專業領域做到精益求精，也讓他成為大家公認的全能型人才，並為公司所重用。

辦公用品除了能直接反映工作態度，也決定了工作的效率以及之後的結果。

QUESTION 疑問

為什麼我周圍對辦公用品講究的同事，工作都做得非常好？

ANSWER 回答

辦公用品價格越高，說明持有者花的心思越多，對自己的要求也越高，自然工作就會做得越好了。

在觀察辦公用品時，觀察的對象並不是隨意選擇的，需要根據對方的工作性質來決定。比如常出差的人，公事包的講究程度就很能說明其工作的態度；如果工作內容是拜訪客戶，那麼可以透過觀察名片或名片夾來判斷；而當對方的工作主要以坐在辦公室的形式為主時，則可以以其辦公桌上的文具作為觀察對象：

1. 觀察工作用品的價格

辦公用品的價格越高，說明持有者所花的心思更多，對自己的要求也更高。以筆記本為例，你會發現人們使用高價位筆記本，和免費贈送的筆記本記錄時，心態是不同的：高價位筆記本使用起來會格外珍惜，筆記也會記得更為工整；而免費得來的筆記本往往被用來隨意的寫和畫，就算弄丟也不會覺得可惜。

2. 觀察工作用品的講究程度

我們都知道畫畫時需要用到很多不同種類的畫材，而越是優

從辦公用品中觀察自豪程度

物品＼自豪程度	強	弱
公事包	□ 貴	□ 便宜
	□ 講究	□ 不講究
名片夾	□ 貴	□ 便宜
	□ 講究	□ 不講究
文具	□ 貴	□ 便宜
	□ 講究	□ 不講究

秀的畫家對於畫材就越是講究，甚至達到吹毛求疵的地步。工作上亦是如此，如果發現對方對辦公用品的講究程度很高，說明其前期的準備十分充分，也必定會抱有胸有成竹的心態。

掌握以上兩方面的觀察方法，我們不但可以了解對方的工作態度，更進一步的，還能大致讀出其對工作本身的自豪程度。

3 開會是摸清人際關係的最好時機

絕大部分剛步入職場的年輕人如同一張白紙，即使專業匹配度再高，也依然缺乏經驗。經常參與會議是了解人際關係、快速融入公司的重要環節。即使會議與己無關，但是多觀察與會人員的交談方式，對新人來說也是大有裨益的。

會議的作用不僅在於聽，更在於觀察。小步和小廣同為公司新人，參與會議時的態度卻大不相同。開會時，小廣總是埋頭記錄筆記，很少抬頭注意其他人的反應；小步則不同，除了仔細記錄，還會留意觀察與會人員的眼神、態度等，暗自分析不同人的工作職責以及相互關係。一場會議下來，小步的收穫相較於小廣來說要大得多。

會議中，要留意觀察發言者說話的內容及大家的反應，不僅能讓自己快速適應職位，還可以了解同事間的人際關係，像這樣鍛鍊觀察力，在初入職場時必不可少。

QUESTION
疑問

參加會議時，我覺得自己沒辦法參與很多事務，感覺這會開的很沒有意義，我要怎麼做才好？

ANSWER 回答

剛入職場，參加會議是一個很好的學習機會，在會議上認真觀察，可以學到很多前輩或上司不會直接告訴你的東西。

很多職場人並不喜歡開會，他們認為「會議是最浪費生命的事情」。但如果真的是這樣，那麼為何不把會議全部取消呢？其實，會議是一種解決工作問題的手段，它是公司經營管理的重要方式，是腦力激盪的最佳方法，也是同事間面對面溝通最直接的管道。

會議是工作中的重要一環，對於猶如白紙一樣的職場新人，透過觀察可以獲得以下收穫：

1. 熟悉工作相關內容，讓自己快速適應

熟悉工作最快的方法之一，就是盡可能收集與公司相關的情況，並進行整理，包括公司架構、詳細業務、合作夥伴等，而收集這些資訊最快的方法就是參與會議。多聽、多記，腦海裡很快就會形成一種公司的全域觀，讓自己工作時能夠考慮得更周到。

2. 了解同事職責，以便後續工作的展開

工作中不僅要熟悉自己的工作內容，也要了解各部門、各同

在會議中觀察的好處

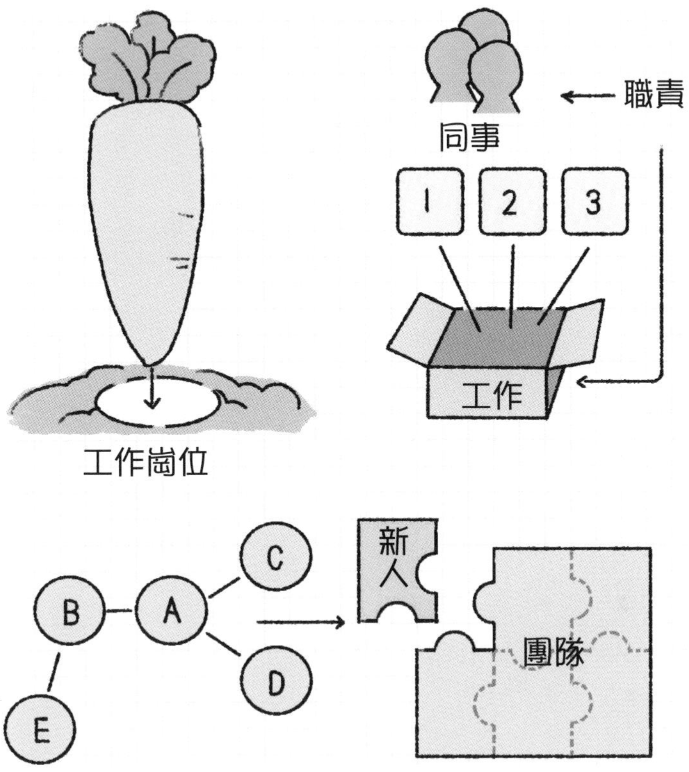
職責
同事
1
2
3
工作
工作崗位
B
A
C
D
E
新人
團隊

事的分工和職責，這也是提高自己工作效率的方法之一。

3. 摸清楚公司的人際關係，融入團隊

對於新人來說，最大的挑戰即融入團隊。在校園裡，我們只需要生活在自己的圈子裡即可。但工作後要求更嚴格，我們每天需要與各式各樣的人合作，來完成自己的工作目標，而會議是讓我們摸清人際關係的關鍵。

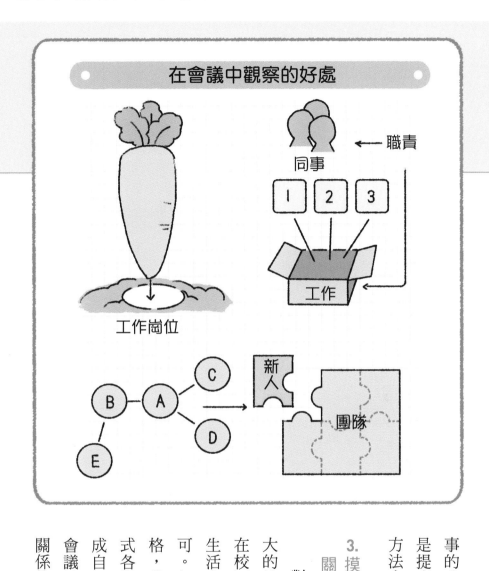

4 判斷對方有無心事，光看表情還不夠

心理學中的觀察力，指的是透過觀察他人的神情、動作等一系列行為，分析對方心理活動的能力。相信喜歡偵探類故事的人，對這個能力會十分熟悉。故事中審訊人會仔細觀察嫌疑人的一言一行，從而發現最有價值的資訊。但是在生活當中，有時僅透過表情，是看不出來對方真實的心理活動的，還需要結合當事人所處的綜合環境因素來判斷。

小步發現小廣最近上班時總是目光呆滯，不僅注意力不集中，而且在工作時還不時的接到神祕的電話，經常在接完電話後表情變得更加難看。小步便關心的問他是不是有什麼心事。小廣勉強擠出一個笑臉，回答自己只是身體不太舒服而已。小步看著小廣苦笑的表情，再加上他雙手交叉放在胸前，一副不想說出實情的姿勢，覺得事情沒有這麼簡單。事後她才透過小池得知，小廣是家中獨子，最近他的母親一直催促他轉回老家工作，小廣對此很無奈，所以才會心情不好。

QUESTION 疑問

有時候我看別人笑得挺開心就去開玩笑，沒想到對方居然生氣，怎麼會這樣？

小廣，你怎麼了？
啊？沒事、沒事。

小池，你知道小廣怎麼了嗎？
他媽媽要他回老家工作，但他不想回去。

ANSWER 回答

觀察別人不能只看表情，有些人不願意把情緒表現在臉上，因此還要結合對方的精神狀態及動作去觀察。

在日益複雜的社交活動中，無論你從事什麼行業，都需要經歷人際關係等社交活動的考驗。這時，察言觀色便成為了一切人情往來中的基本技能，及時掌握對方的心理，才方便我們對不同的人使用不同的應對方法。

要學會「察言觀色」，最基本的一點就是看懂對方的表情。很多人習慣將喜怒哀樂寫在臉上，因此透過觀察他們的表情來分析心理活動，是很簡單的事情。如果雙方見面時，對方笑容可掬，甚至主動和你握手，說明對方很希望和你交流；如果和對方交流時，對方雙眉緊皺、表情凝重，那麼有可能是碰觸到了對方禁忌的話題，需要轉換思路，聊點別的；如果第一次見面時，對方就露出不屑的神情、氣場冷漠，這說明對方並不看重你的價值，或者不想合作，遇到這種情況可以努力展現自己的實力，讓他看到你的價值之後回心轉意。

但這裡有一點需要說明，並不是所有人都會喜形於色，結合

結合環境分析表情才準確

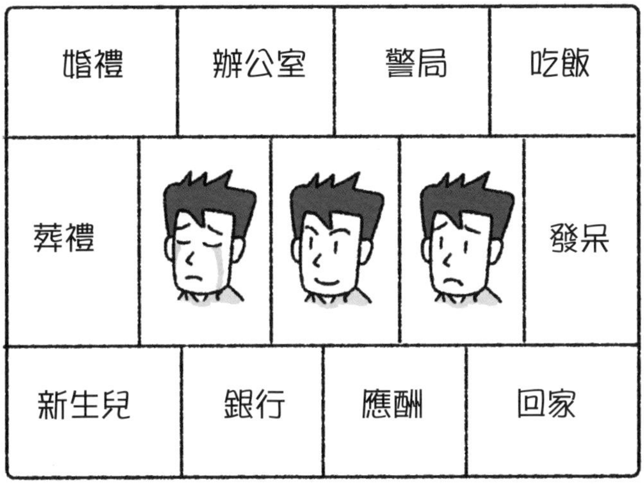
婚禮
辦公室
警局
吃飯
葬禮
發呆
新生兒
銀行
應酬
回家

並不是所有人都會喜形於色，所以要根據環境來分析。

環境來分析一個人表情的含義才會更準確，因為人人都有自我保護的面具。舉例來說，在一個非常緊張的時刻，有的人反而喜歡大笑或高談闊論，這並不代表他不緊張，而是表現緊張的另一種形式。

所以，能夠將表情和環境因素結合起來觀察，才能分析對方內心深處最真實的想法。

5 成功，先從挑對朋友開始

物以類聚，人以群分。在人際關係過程中，擁有相同目標、相同想法的人總是能不約而同的走到一起，彷彿就像「磁鐵」一樣相互吸引。但是，被吸引的同時也會被對方同化，正所謂「近朱者赤，近墨者黑」，所以身邊人帶來的能量並不一定都是積極的。

小池這週連續遲到三次，被上司叫到辦公室談話。他驚覺到，自己剛到職時並不像現在這樣工作鬆散，而是對自己要求嚴格，效率也很高。仔細分析原因後，小池發現自己最近與其他部門的幾個工作清閒、總是快遲到才進公司的同事走得很近，自己也不自覺的受到影響。

其實生活和工作中，我們身邊人的品格、習慣以及他們對事物的看法，總會有意無意的對我們產生影響，這是無法避免的事情。那麼，選擇怎樣的環境生活，選擇和誰交往，則成為了自我成長的關鍵。

QUESTION 疑問

有時候朋友經常找我抱怨，我聽的也很煩，可是拒絕的話可能會失去朋友，我該怎麼辦？

ANSWER 回答

一直拿自己的事來煩你的人，不一定是真正的朋友，而且這種事對你們雙方都沒有好處，所以如果好好聊過之後對方還是這樣，可以考慮停止交往。

和不同類型的人在一起，你的未來也將會不同。與品行高尚的人交往，無疑對我們的生活有著積極的作用，他們的想法、行為都會成為榜樣，同時也會讓他們自己變得更加優秀；但是同樣的，與品行不端的人走得太近，會對我們產生消極的影響。

在生活和工作中，我們需要有一雙善於觀察的眼睛，仔細觀察身邊人的不同特質，使用象限法找出最願意與之共事的人：

1. 想想自己認為最重要的兩種特質或工作能力是什麼？

每個人對工作看重的都不同。好的特質有：誠實、善良、寬容等，工作能力有：執行力、團隊協作力、創造力、領導力等。

2. 將它們分別作為橫縱軸，畫出象限圖

橫縱坐標的交點處數值為零，箭頭方向的數值最大。

3. 根據觀察，將身邊的人在象限裡進行區分

比如，我們選擇的特質是誠實和寬容，就可以把身邊人排放

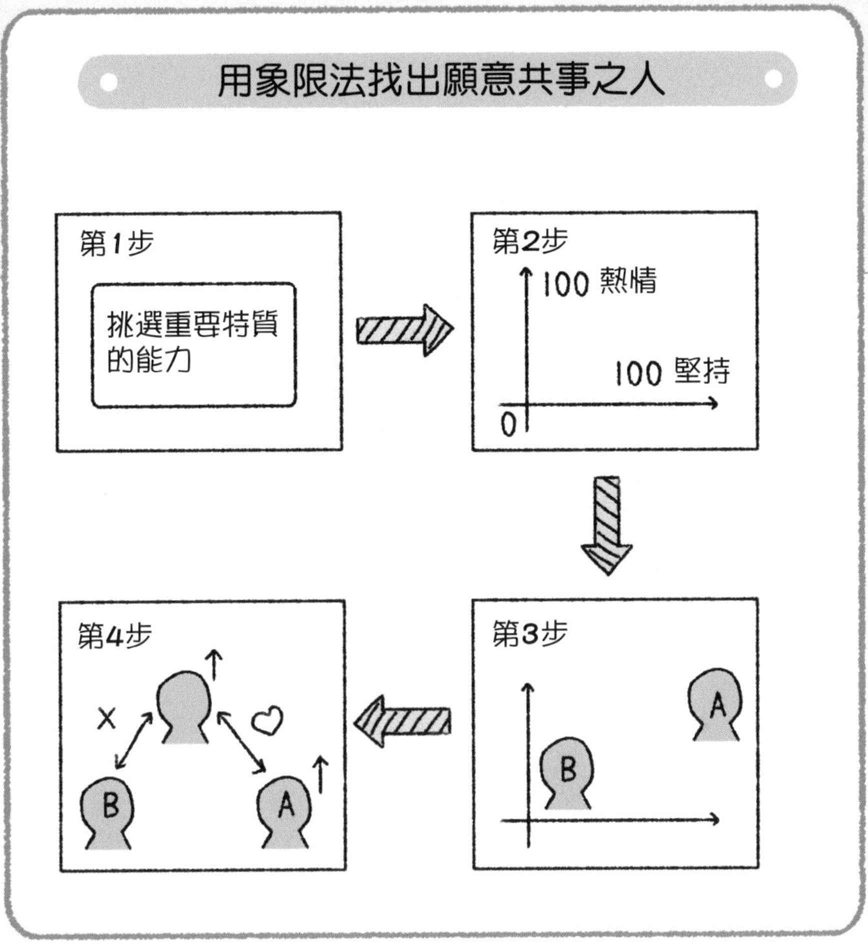

在象限的座標中。越靠近右上方越是符合我們選擇的人，反之，左下方的人則是不符合我們選擇的。

4. 有意識的接近有益之人，識別並遠離有害之人

這樣能讓我們更清晰的觀察到身邊哪些是對自己有益之人，哪些是對自己有害之人，接近對我們有積極影響的人，遠離對我們有負面影響的人，這有時是決定我們成功與失敗的關鍵。

6 記住並叫出對方的名字

名字對一個人來說很重要。對話時，如果能夠喊出對方的名字也是一種社交技巧。美國人際關係學大師卡內基（Carnegie）曾說：「一種既簡單又最重要的獲取好感的方法，就是牢記別人的姓名。」

小步剛來公司，對小星人緣超好的印象很深，她暗中觀察後發現其中一個很重要的原因就是，小星在與別人對話時，不僅態度真誠熱情，而且還總是能叫出對方的名字。其實能夠記住並叫出別人的名字，是對他人的一種尊重，同時也是人際關係的重要表現。

有些人覺得叫出對方的名字是件不好意思的事，習慣只喊綽號，甚至在和別人說話時，稱呼對方「喂」，這些都是對他人不禮貌的表現。要叫出對方的名字其實很簡單，比如寒暄時盡量多重複對方的名字，「○○，很高興認識你」、「○○，你今天看起來氣色很好」等。習慣這樣的稱呼以後，相信你的人緣也會好起來。

QUESTION 疑問

一下子想不起來別人的名字時，我常用「喂、哈囉」代替，但這麼叫別人會很不高興，是不禮貌的。

小星的人緣為什麼這麼好？

原來稱呼別人的名字這麼有用。
○○，那天那個……
○○，昨天的事情……
○○，這是給你的文件。
○○，你今天衣服很好看耶，在哪裡買的？

ANSWER 回答

那麼就花點時間記一記別人的名字吧，能夠準確叫出別人的名字，會讓對方覺得受尊重，也會讓你的人緣變好。

觀察一個人是否善於叫出別人的名字，可以分析出對方人際關係的好壞。如果總是用「喂」稱呼同事，估計他的人緣並不會很好。即使他知識面再廣，專業技能再強，也無法在工作中獲得更多的成功。因為在現今社會中，人際關係比知識更重要。

1. 能夠準確快速叫出他人名字，給人重視對方的感覺

溝通時，如果能記住對方的名字並大聲說出時，對方會覺得自己在你心中是受重視的，這無形中增加了對方對你的好感，溝通當然就會很順暢；反之，如果你忘記、記錯或者小聲嘟囔對方的名字，會讓對方感覺很不禮貌，溝通的氣氛也會變得尷尬。

2. 一個連對方名字都記不住的人，對方不可能為他提供實質的幫助，也不會擁有良好的社交網

每個人心中都有一桿秤，如果你連對方的名字都叫不出，甚至記不住，又怎能期待別人為你提供實質的幫助呢？這樣的人是無法維持良好的朋友關係的，因為他從內心就沒有重視他人的想

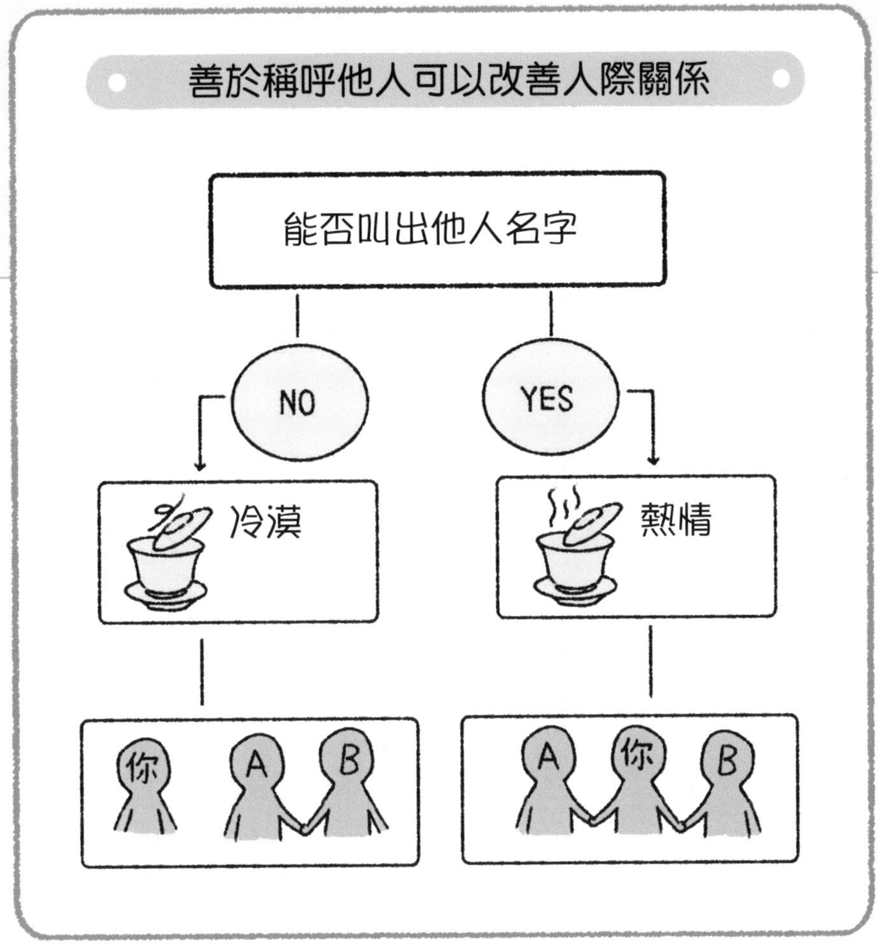
善於稱呼他人可以改善人際關係
能否叫出他人名字
NO
YES
冷漠
熱情
你
A
B
A
你
B

法和感受。

花一點心思記住對方的名字，大聲叫出來吧，這沒有什麼困難的，反而能讓你顯得更加有魅力，讓溝通事半功倍。

7 你用什麼字眼說話，就會是什麼樣的人

說話，不僅是為了交流，更表現了一種文化修養。一個人外表再光鮮亮麗，一句粗話也能暴露出自身的粗鄙。人們有時過於重視外表的重要性，而忽略了一個人談吐間所展現的品性和修養。

其實，有些話只需要稍微換個角度措辭，就能產生不同的效果。比如，同樣是指出對方缺乏工作能力，不諳世事的小廣會說：「你也太弱了，這麼簡單的事情都做不了。」而「身經百戰」的小星會說：「我覺得你其他方面都很強，但是有一點還有很大的提升空間。」同樣的意思，不同的措辭，明顯能夠感覺到後者的文化修養更高一些，且人緣也會更好一些。

可見，從說話的措辭中，我們可以看出對方的文化修養和待人態度，對其性格也會有大致的了解和認識。語言技巧和措辭方式，是內心思想的外在表現。

QUESTION 疑問

我剛入職場，碰到的困難太多了，有時候會忍不住抱怨。這樣對人際關係和工作是不利的，我該怎麼辦？

你也太弱了，這麼簡單的事情都做不好。

消極、委屈、放棄努力。

你其他都很好，就是這一點還有很大的提升空間。

充滿信心、繼續努力。

ANSWER 回答

工作之餘可以多看些書，如果是工作上遇到的麻煩就看這方面的書，先解決實際問題，自信建立起來後，就不會總是抱怨了。

孔子曾說：「言未及之而言，謂之躁；言及之而不言，謂之隱；未見顏色而言，謂之瞽。」意思是沒有輪到自己說話時，就先說了，這是急躁；該自己說話時卻不說，是隱瞞；不察言觀色、觀察環境氛圍而貿然講話，是盲目。

會說話與不會說話，帶給人的感覺完全不同。如果一個人不會說話，就會製造尷尬的氣氛，會給人一種缺乏素養的感覺。而善於說話的人，一般帶給人的感覺都是正向的、有涵養的，後者往往更受大家歡迎，也是高ＥＱ的一種表現。

此外，從言談中，很容易就能發現最真實的對方。因為你說什麼樣的話，就會是什麼樣的人。而當一個人想要重塑自己的氣質時，就需要從說話方式開始改變。

如果你觀察到對方說話時總是在抱怨，那麼說明他可能個性消極，做事沒有動力；如果對方沒事就喜歡說個笑話逗大家開心，那麼他應該是個幽默樂觀的人；如果對方總是說很貼心的

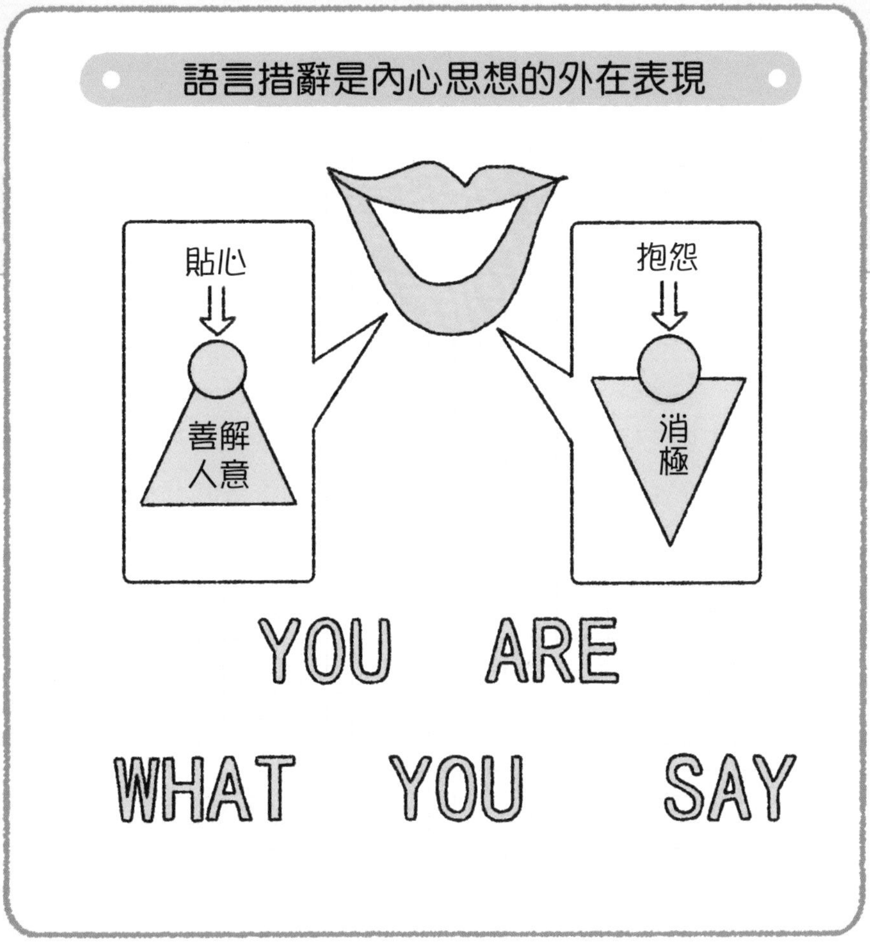

話，那麼則說明他是個善解人意的人……像這樣，透過對方說話的方式，我們能快速分析出對方的性格特點，從而能夠以更適合的說話方式應對。

說話是一門藝術，也是一門學問，而談吐得體更是一種修養。從對方的措辭中洞悉對方的內心，能夠讓你在人際關係的過程中更加有效率。

8 用陌生的眼光看熟悉的事，才能抓住顧客的心

作為產品的生產者和賣家，在評判產品時，很容易被「我的產品最完美」的觀點蒙蔽雙眼，從而忽略產品的缺點。這時候，自掏腰包轉換角色，以客戶的角度觀察，才能做出客觀的評判。

小廣將企畫好的新專案拿給上司審閱，上司並沒有多說什麼，而是讓他下單，買了一款公司正在熱賣的產品。小廣很納悶：倉庫裡的樣品那麼多，為什麼一定要自掏腰包買呢？他拿著花錢買到的產品回家。既然買了，那就安裝一下試試吧，小廣這樣想著。裝著裝著，他發現，自己研發的產品似乎並沒有宣傳中的那樣安裝省力。他突然想到，前不久，一個客戶投訴了相同的產品問題。當時，自己只覺得是客戶無理取鬧，並沒有當回事。現在，他終於明白了客戶的感受，也明白了上司想告訴他的道理。

QUESTION 疑問

上司總是說我的方案有問題，可是我已經修改了很多遍了，實在看不出問題，我到底要怎樣改進？

ANSWER 回答

你站在自己的角度看方案覺得沒有問題，但嘗試用客戶的眼光重新審視，如果是你要付錢使用這個方案，你願不願意？

只有自掏腰包時，才能真正的去體會自己公司商品的價值，並嚴謹的進行分析。當自己成為了客戶，立場變了，視角也會跟著改變。

當新產品問世前，首先問問自己，是否願意為其買單。如果答案是「不」，那麼產品就一定還有可以提升或改進的空間。蘋果的創始人賈伯斯（Steve Jobs）在設計第一代 iPod 時，曾把工程師拿來的樣品直接丟進魚缸。在他看來，一定要設計出顧客喜歡的輕便產品，但如果 iPod 丟進魚缸後還有氣泡冒出，說明還有可以縮小的空間。就是這樣的精益求精，以顧客需求為目標的賈伯斯，打造了風靡全球的電子產品。

對於產品的價格測試，我們也可以用同樣的方式來思考。如果，把自己想像成客戶，在想要購買產品時都要等好久，直到打折促銷才考慮購買，那麼這樣的產品價格也一定是存在問題的。

以客戶角度觀察公司產品

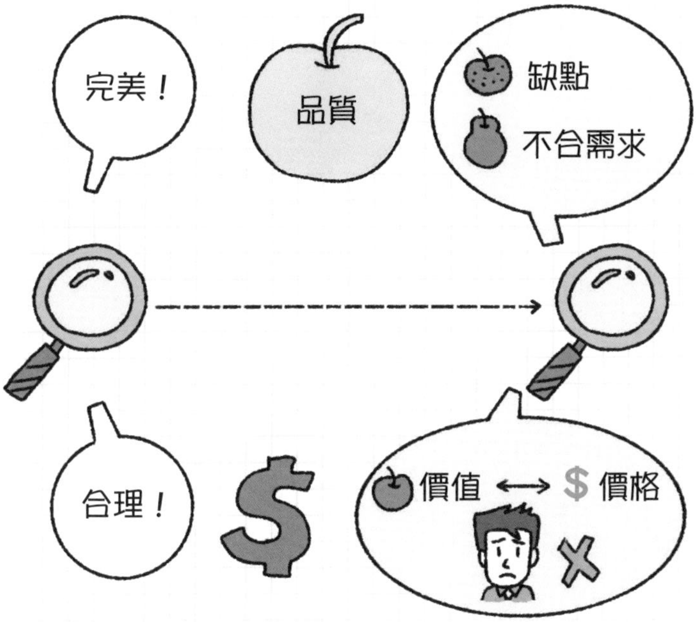

❗品質與價格都要以客戶的需求為目標

此外，在購買自己公司產品進行測試時，不能因為自己是公司員工，就去享受福利價格，這樣依然是沒有真正的以客戶的角度思考。

以客戶的角度觀察，會讓我們更客觀的認識自己的產品，發現自身的缺陷，並努力做到精益求精，力求完美。

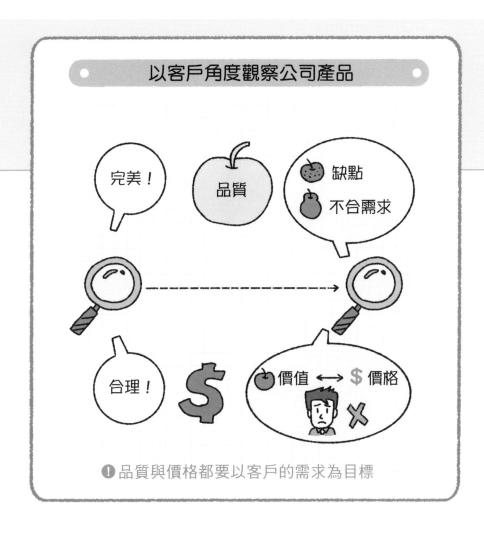

觀察穿著判斷性格

自人類有文明以來，就有了衣服，而人們的穿著也隨著文明的發展而進化。在很多人眼中，衣服是人的第二張臉，由穿著衍生出的職業也越來越多。這說明，人們對自身穿著的重視程度與日俱增。

現代社會，穿著不僅具有禦寒、裝飾等功能，而且還是重要的人際關係手段。你可能會問，衣服難道還會說話？答案是肯定的。穿著能夠反映著裝者的社會階層、反映其個性態度，以及思想和情緒。

其實，穿著是否得體常常關係到工作和社交的成敗。小廣第一次參加客戶會議時，鬧了個大笑話：當他走進會議室時，發現只有自己穿運動服。老闆私下找他談話，讓他明白了什麼樣的場合穿什麼樣的衣服，對一個人的職業發展非常重要。此後，小廣總會穿著西裝出席會議，再也沒有犯過同樣的錯誤。

觀察穿著

此外，觀察一個人的穿著還可以看出對方的品味、喜好及性格傾向，這種觀察對你了解他人，與之共事相處，並建立良好的關係很有幫助。

1. 顏色

一個人對色彩的感覺，能夠真實反映出一個人的性格，以及對人、對事的態度，這同樣適用於穿著。比如觀察對方如果喜歡穿著亮麗顏色的衣服，其性格也會比較開朗，像是紅色代表熱情、粉色代表感情充沛、白色代表誠實坦率、橙色代表元氣滿滿……相反的，穿著暗色則是性格比較冷靜、沉穩，例如黑色代表有主見、灰色代表關係平衡、藍色代表謙虛有禮……。

2. 款式

不同的衣服款式說明了人們對不同價值觀的追求。比如款式是否時尚，說明了這人是否隨波逐流，也說明這人是否在意別人的看法；如果你發現一個人的穿衣風格緊跟時尚潮流，說明他很可能並沒有太多自己的主見，而是喜歡追求大家都崇尚的美感；而如果觀察到一個人有自己獨特的穿衣風格，並不會因潮流的改變而改變，則他很可能是個想法獨立、有個性的人。

3. 質料

對於衣服的質料，人們也有不同的追求。比如你身邊的朋友喜愛純棉質料的衣服，那麼他可能是個熱愛自由、性格隨性的人；喜愛穿著皮草的人多為時尚之人，而且好面子；總是一身黑色皮衣打扮的話，則可能是個性格率直、很酷的人……。

總而言之，不要小看每一件衣服存在的意義，它們也都是有生命的。在人與人交往的過程中，它們時時刻刻都扮演著重要的角色，為我們傳遞訊息。只要你善於觀察，即使是一件衣服也是窺探對方內心世界的大門。

簡單實踐法

透過顏色、款式和質料，去觀察身邊的人衣服和個人特點的對應，並記錄下來。

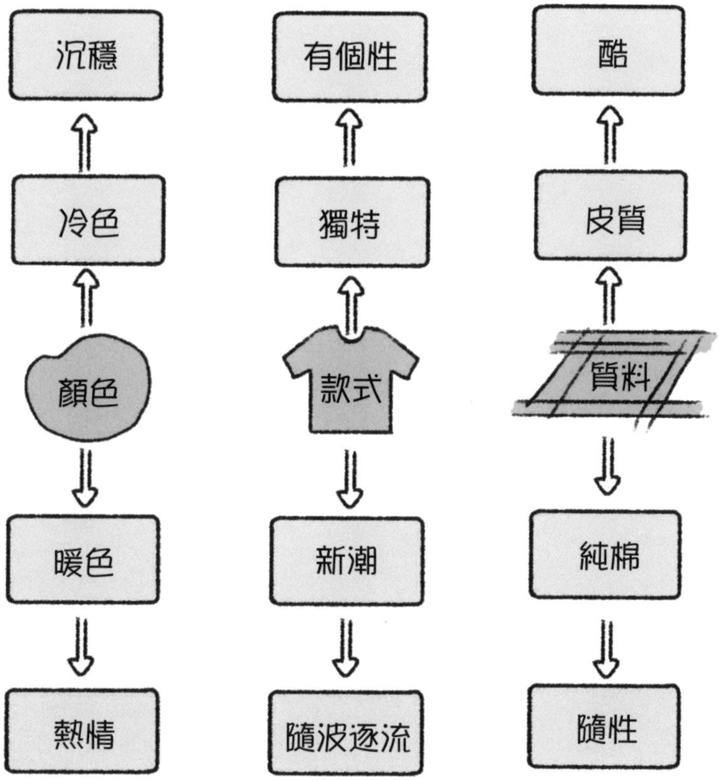

第3章

注意這些細節，能升級你的觀察力

1 從生活用品觀察人的心態

很多人都不太會在乎生活用品的選擇，他們不會花太多精力和財力去刻意挑選，而只把實用當作最基本的判斷標準；與之相反，也有不少人喜歡追求極精緻的生活用品，即使細微之處也要經過再三考量，才能決定最終的選擇。其實，生活中不可或缺的生活用品就像是一面鏡子，它無時無刻都在反映著一個人的心態和性格。

小步的朋友在職場已經打拚多年，經驗老道、成熟穩重，小步對他很羨慕。有一次，朋友邀請小步去家中拜訪，用餐時小步感嘆道：「我終於明白，為什麼你能把生活過得如此精緻了。你的餐具、穿著，和家裡的裝潢，都透露出你對生活的態度。看來我也要回家換一套新的餐具了。」

小步的觀察剛好提醒了我們，如果能夠留意對方的生活用品，很輕鬆的就能分析出對方的習慣與性格，甚至還有可能判定對方的未來發展。

QUESTION 疑問

想好好工作、好好生活，但總是提不起勁來。回到家看到亂糟糟的房間，就只想癱在沙發上不動，我該怎麼辦？

ANSWER 回答

想改變自己的生活狀態，可以從改善生活用品入手。比如想好好做菜，就把廚房布置得乾淨、精緻，讓自己充滿動力。

以上提到的餐具只是一個例子，我們可以引申出更多的生活用品來觀察，比如辦公用品、運動產品等。其實生活中有太多細節值得我們去觀察，當然，觀察也要講求方法：

1. 把質感的東西和舉止聯繫起來觀察

我們繼續拿餐具來舉例，透過仔細觀察不難看出，使用質感昂貴餐具的人，一般都會比較穩重，他們對生活品質的追求更高；而在使用餐具方面比較隨意，甚至經常使用免洗餐具的人，性格大都比較粗獷，不在意細節。此外，觀察一個人使用生活用品時的表情動作，還可以看出對方的品味，如優雅、乾脆還是粗魯。

2. 分析你使用時心情

當你使用不同價格的生活用品時，心情肯定是不同的。比如，你新買了一支高級鋼筆，第一次用它寫字時，肯定會小心翼翼，態度認真。但如果使用廉價筆寫字時，就會毫不在乎，字跡也會相對潦草。

3. 備妥好物能促成改變

當心情不好時，嘗試給自己換一套好茶具喝茶，可能心就靜下來了；也可以在你感興趣的事情上改進裝備。比如，你想在公餘時間鍛鍊身體，但一直拖延，這時，買一套專業的運動服或運動器材，可以極大的推動你跨出第一步的可能性。

所以，不管是想要改善自己的生活狀態，還是觀察他人的性格習慣，都可以從生活用品上下手。

2 從口頭禪觀察對方的性格

你是否注意過，其實我們每個人在說話時都會帶點口頭禪，它是一種時常脫口而出的口頭用語。有些人在敘述故事時，會不停的說「然後」；也有人總是帶有一種感染人的正能量，嘴邊時常掛著的口頭禪是「還不錯嘛」。

這些口頭禪不僅是一個人說話的特點，還能反映出他的性格。小池到職後，大家發現他好像每天都不開心，總是常常將「鬱悶」二字掛在嘴邊。大家感覺他就是一個負能量的傳播者，都離他遠遠的。小步則正好相反，什麼事都願意主動承擔，她的口頭禪是「沒問題」。遇到高興的事無疑是錦上添花，而遇到煩心的事，一句「沒問題」就好像是在為別人打氣。大家都喜歡和她打交道，稱她是公司裡的開心果。

總而言之，口頭禪就是人們潛意識裡的思維方式。當一個人不知不覺的把自己腦袋裡的想法說出來時，也就不難觀察分析他的心理變化和性格了。

QUESTION 疑問

我發現同期一起進公司的一個同事人緣特別好，可是我們都做一樣的事，為什麼我的人緣不如她？

ANSWER 回答

觀察一下那位受歡迎的同事，平時最喜歡掛在嘴邊的是哪句話，而你自己最喜歡說的又是什麼。比對一下，相信你會有新發現。

口頭禪大都由沒有實際意義的短語組成，每個人都有自己常用的口頭禪，甚至有些人會自創口頭禪。它們的形成並不是固定不變的，而是會隨著社會的發展不斷更新。

1. 口頭禪的形成，和所處環境及接觸的人群有關係

口頭禪的形成方式和工作、生活的環境有著很大的關係，比如，遊戲玩家的口頭禪很可能是遊戲中的專業術語；從事ＩＴ的工作者很可能將程式碼作為口頭禪；而外商企業中，懂得英語口頭禪是不可缺少的技能。此外，年齡、地域、性別等因素的差異也會使口頭禪大不相同。

2. 可以看出對方為人處事的風格

在許多國家，「隨便」是使用度最高的口頭語。但這兩個字並不被所有人認可，因為它表達著一種放縱自我的消極態度，從而也能分析出喜歡說這個詞語的人的性格多半是不在乎、沒主見和隨波逐流。而喜歡說「那個……」、「呃……」的人一般

口頭禪的形成因素

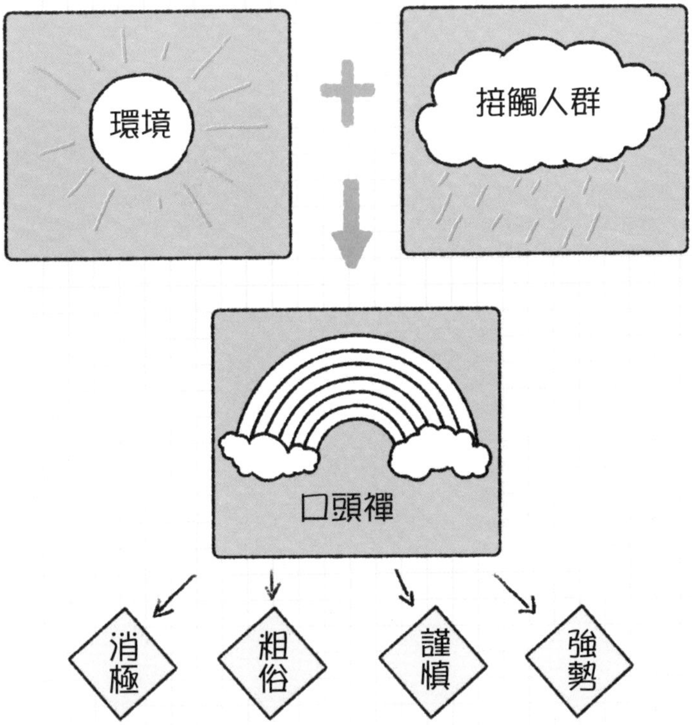

❗口頭禪的形成與環境和接觸人群有關

做事比較謹慎；總把「你應該……」、「你必須……」掛在嘴邊的人則是以自我為中心，性格比較強勢。

生活中，口頭禪的種類有很多，但是仔細觀察都是有跡可循的，相信透過它，你一定能分析出對方性格，讓溝通更加順暢。

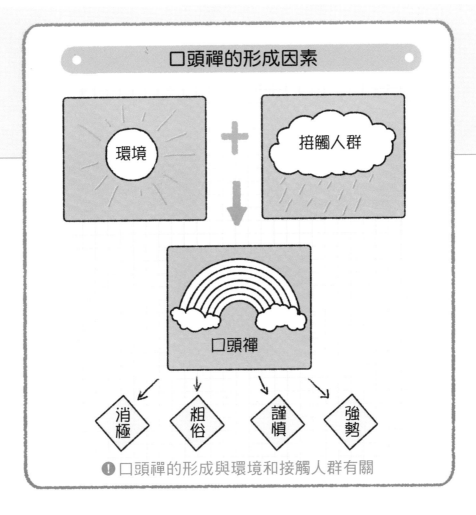

3 從垃圾筒觀察對方的經濟實力

垃圾筒是每天都會用到的生活用品，由於它太過普通、廉價，很少有人會注意它。但如果你站在超市貨架前仔細觀察，就會發現不同垃圾筒的材質、韌性、環保程度、價格等都大不相同，而觀察高手是絕對不會錯過其背後隱藏的訊息。

小星的朋友開了家餐廳，週末邀請他前去用餐。見面後，朋友向他介紹了餐廳黃金地段的客流量、大廳的頂級裝潢，以及工作人員的高素質後，便開始慫恿小星入股。可是小星心裡卻早有了打算，他觀察到餐廳裡垃圾筒的品質極差，明白這種日常所用的物品，才是反映實力的細節。小星分析這樣的投資肯定是虧本生意，所以以資金不足為由婉拒了朋友。

類似垃圾筒這種日常用品，一般都是人們容易忽視的地方，如果有人在這些細節方面講究，說明對方的經濟條件是相當可觀的。

QUESTION 疑問

我從來不用名牌物品，可是我有個同事硬說我家很有錢。雖然我家生活水平是挺不錯的，但我還是很驚訝她能看出來。

好啊！
週末去我新開的餐廳吃飯吧！

我們條件非常好，肯定能賺錢的，你入股吧！
最近資金不太足，還是算了。
垃圾筒材質都這麼差，別的肯定也……。

ANSWER 回答

很多細小的東西可以顯示出人的生活水平。儘管你從不炫富，但有心人能從你用的紙巾，看出你的生活品質。

其實不僅是垃圾筒，生活中類似的，可以仔細觀察的日用品還有很多，比如廁紙、免洗杯、免費飲用水等，這些都是能透露對方軟實力的細節。

1. 飯店、酒店的垃圾筒是有分的，不要被表面所蒙蔽

在挑選飯店、酒店時要十分注意，許多商家都會把自己包裝得很好，大廳裡金碧輝煌，但真正需要考量的地方卻根本不注意。如果能在垃圾筒這樣的小事上也做得細緻入微，那麼基本上就可以對商家的服務放心了。

2. 豪宅和廉價垃圾筒的搭配，能表現出主人的經濟實力

去朋友家做客時，可以先環顧一下朋友家裡的基本生活用品。即使是家具高檔、裝修奢華的豪宅，如果使用廉價的垃圾筒，那表示房子主人的經濟實力可能是有問題的，或他並不是個講究細節的人；反之，如果觀察到對方的住宅並不華麗，但垃圾筒等生活用品卻很注重品質，那麼說明了主人很可能在隱藏自己

從垃圾筒觀察經濟狀況

❗細節處才能見真功夫

的經濟實力，且是個注重細節的人。

觀察時要記住越微小的地方，越是人們容易忽視的地方，卻是越能真實反映問題的地方。不錯過每一處細節，觀察的精準度也會大大提升。

4 從餐巾紙觀察餐廳的品牌精神

每天面對大街小巷中琳瑯滿目的餐廳時，我們最常見到的一樣物品就是餐巾紙。餐廳中的餐巾紙種類繁多，有薄有厚、有好有壞。身邊不少朋友有出門自己攜帶紙巾這樣的習慣，即使餐廳已有提供免費餐巾紙也會帶，因為他們覺得商家提供的餐巾紙品質沒有很好，有人甚至用過後出現過敏的症狀。

餐廳提供免費的餐巾紙，不花心思很正常。但如果商家還有餘力去注意這個事情，則足以說明他們的實力和細心。有一次，為了慶祝活動圓滿成功，林組長邀請所有同事吃飯。就坐之後，小步對小廣說道：「林組長很有眼光，這家餐廳的服務到位，連餐巾紙以及紙盒都很講究，想必飯菜也會很好吃，以後我們要常來光顧。」小廣聽了之後，連連點頭，佩服小步對細節的觀察分析能力。

可見，最普通的事情卻直接反映了企業的精神面貌，懂得觀察的人就可以輕鬆的分辨好壞，把握其中的精妙。

QUESTION 疑問

我發現餐巾紙品質不好的餐館，服務品質也很差，而口碑很好的餐館，即使是免費的服務也做得非常好。這是為什麼？

ANSWER 回答

因為店鋪真正的想法就隱藏在細節裡，不願意在細節處下功夫的店，實際能提供的東西往往也好不到哪裡去。

這些免費餐巾紙看似普通，其實卻暗藏玄機，如果商家連這點小錢也不願意投資，又怎麼能保證菜色的品質呢？為了能一眼分辨出商家出售東西及服務品質的好壞，從免費用品下手觀察是個很直接的方法。

1. 觀察免費的東西和服務，能發覺出該店的品牌精神

進店體驗時，如果免費的服務或產品做得極其周到，那麼該店的品牌精神是很值得稱讚的。不少商家都很注重客戶在細節處的體驗，通常這樣的店鋪能讓客戶更加安心的享受服務。

2. 將免費服務與付費服務做比對，可以看出兩者的關聯

一般情況下，如果觀察到商家將免費的服務做得十分到位，那麼付費商品的品質也會有保證；但是如果商家只追求付費產品而不顧及免費服務，那麼這樣的商家往往無法贏得顧客的青睞。

3. 免費的東西才是提供者的精神所在

真正講究的商家會在免費的東西上做很多文章，包括店鋪精

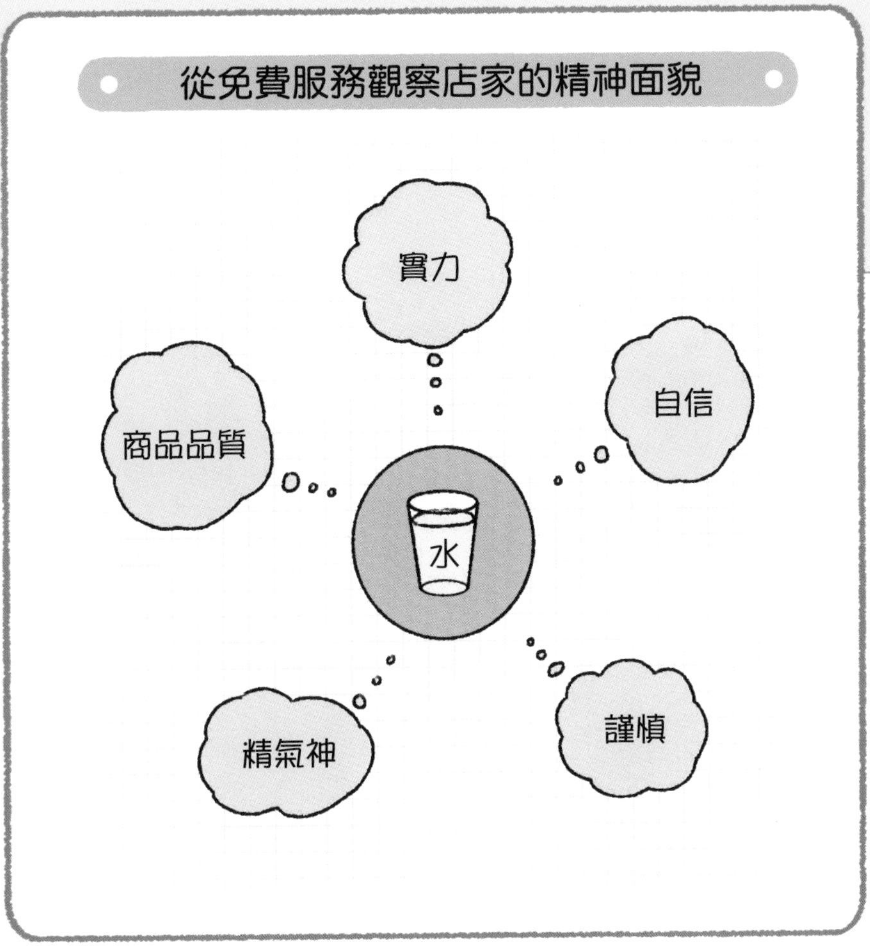
從免費服務觀察店家的精神面貌
實力
自信
商品品質
水
謹慎
精氣神

心的設計與裝潢、服務生臉上的微笑、隨手可拿到的用品等。比如，兩輛同樣的公車，一個售票員連地都不掃，另一個則將車內收拾得乾淨整潔。當然後者會給人更貼心的感覺，因為我們能感覺到免費服務背後的靈魂所在。

人們往往忽略免費之物，但有時免費才是真正的無價。

5 從距離感看彼此親密程度

搭乘交通工具出門對於我們來說是再熟悉不過的事情，但你是否觀察過公車或地鐵上的一個有趣的現象：人們上車後，會習慣性的去尋找一整排都空著的座位，或者更傾向於坐在一排座位中最旁邊的位子。當車上的人越來越擁擠時，大家基本都會選擇背靠背站著，不願與身邊的人發生身體的碰觸。這種被迫擁擠狀態下，人們會盡量減小與他人的接觸面積，且身體保持僵直，所以經常擠公車或地鐵的人會感覺特別疲憊。

這種在人群中想要與他人保持距離的原因是，人的心中有一個「個人空間」，當有人想要入侵到「個人空間」時，人會本能的選擇避開或是隨時保持警覺。小澤進入公司後，待人十分熱情，即使不太熟，他也總是希望能夠近距離的和對方攀談幾句。但這樣的舉動讓一些不了解他性格的人產生了反感，因為他們感覺小澤在未經許可的情況下，進入了自己的「個人空間」。

QUESTION 疑問

在擁擠的公共場所總是會感到不適，為什麼？

哎！那個誰，上次那個……
快跑
為什麼我這麼努力想要融入大家，卻會被討厭呢？
因為每個人都有「個人空間」，如果貿然闖入，就會遭到反感。

ANSWER 回答

因為每個人都有個人空間，在擁擠的公共場所（比如公車上），自己的個人空間會不可避免的受到侵犯，所以會感到不適。

其實，身體距離反映的也是心靈的距離，我們可以透過觀察兩人所保持的身體距離，來分析兩人的親密程度。而「個人空間」的範圍並非一成不變的，是由很多因素決定的，包括人的性格、文化背景等。當然，雙方的交情也是決定「個人空間」大小的關鍵。所以，觀察兩人距離的遠近，可以很直觀的說明人與人之間的親密程度。

每個人都需要自我空間，不同的情況下人與人之間需要保持不同的安全距離，比如親密距離〇至〇・五公尺、個體距離〇・五至一・二公尺、社交距離一・二至三・五公尺、公眾距離大於三・五公尺。舉個例子來說，如果對方是和你很親密的人，那麼即使進入一公尺範圍以內，你也不會覺得不舒服；但如果對方是你的同事，與你相距一公尺以內，那麼空氣中不免會彌漫著尷尬的氣氛；而當對方是陌生人時，這種近距離的接觸壓力會更大，在與異性接觸時效果會更加明顯。

但是生活和工作中，很多時候我們不得不面對這種「個人空

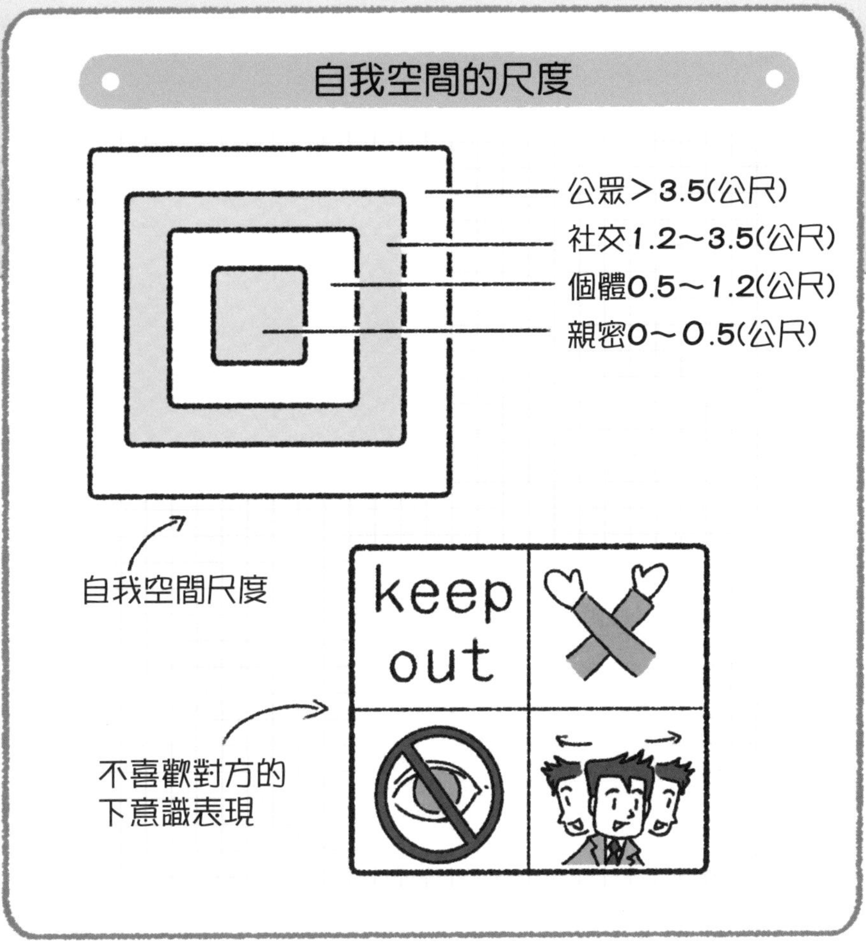
自我空間的尺度
公眾＞3.5(公尺)
社交1.2～3.5(公尺)
個體0.5～1.2(公尺)
親密0～0.5(公尺)
自我空間尺度
keep out
不喜歡對方的
下意識表現

間」被闖入的情況，如果不喜歡對方，很可能就會表現出下意識的遠離對方，這是人的自然反應，屬於自我保護行為。如果不方便遠離，可以用雙臂交叉架在胸前、避免與對方直視、找些其他分散注意力的方式提醒對方，或緩解緊張的情緒。

有時候雙方所保持的距離也並非越遠越好，這樣會給對方或他人造成刻意疏遠，甚至輕視的感覺。

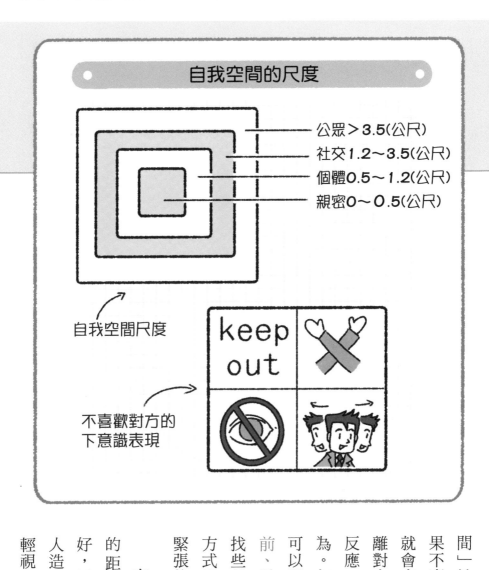

6 時常看著對方的眼睛說話

眼睛無時無刻不在為我們傳遞訊息，而利用眼神交流，亦是一個我們與生俱來的本領。從小我們就能從父母、老師的眼神中感受到嚴厲或慈愛；工作後，面對同事、上司，我們更需要學會從他們的眼神中，讀取有用的訊息。許多文學作品中，更是將主人翁的眼神動作描寫得惟妙惟肖，可見眼神對於溝通的重要性。

更重要的是眼睛是永遠不會說謊的，它是一個人內心最直接、最真實的表現。有時候，語言不一定能表達說話人的真實想法，誰都會有口是心非的時候，但眼神卻往往會洩露真相。有一次，小步在商場購物時，向店員詢價。她發現對方口中說這已經是最低價了，眼神卻閃躲。小步馬上發覺店員可能在說謊，於是將價格又壓低了一些。

人類的一個眼神，能發射出千萬個訊息來表達感情和想法，抓住眼神中的祕密，是判斷對方真實想法的致勝法寶。

QUESTION 疑問

有一次去拜訪客戶，談一個案子，客戶嘴上答應得好好的，可是眼睛始終沒看我。我以為他是真的很有興趣就一直聊，但後來卻沒有合作成功。

ANSWER 回答

眼睛會透露很多訊息，如果對方視線跟你沒有交集，那說明他根本不想談論這個話題，甚至不想和你這個人交流。

那麼，眼神為什麼不會說謊呢？根據心理學家研究，最主要的原因取決於人的瞳孔。它會隨著情緒的變化收縮或擴張，產生厭惡情緒時瞳孔會收縮；開心、高興的狀態下瞳孔會擴大；而害怕或激動時，瞳孔甚至能夠擴大至平常的四倍。這種變化由中樞神經系統直接控制，是無法偽裝的。

日常工作和生活中，眼睛可以傳遞大量的訊息，而內心深處隱藏的情感和想法，也往往容易被眼睛「出賣」。小孩思想單純，說謊時往往眼神閃爍，比較容易發現。但大人說謊就沒那麼容易識別了，這時候要仔細觀察對方眼球轉動的情況。比如你問對方「昨天去哪了」，類似這種回憶性問題時，如果對方不經思考，直接看著你的眼睛回答，那麼很可能是謊言。因為回答這種問題的正常反應應該是先回憶，回憶就會形成眼球轉動的現象。

此外，透過觀察對方眼神的變化、視線的位置和移動等細節，可以直接發現對方的情緒和心態變化，甚至是語言難以表達的微妙感情。比如拜訪客戶時，對方只顧忙自己的，視線與你根本沒有

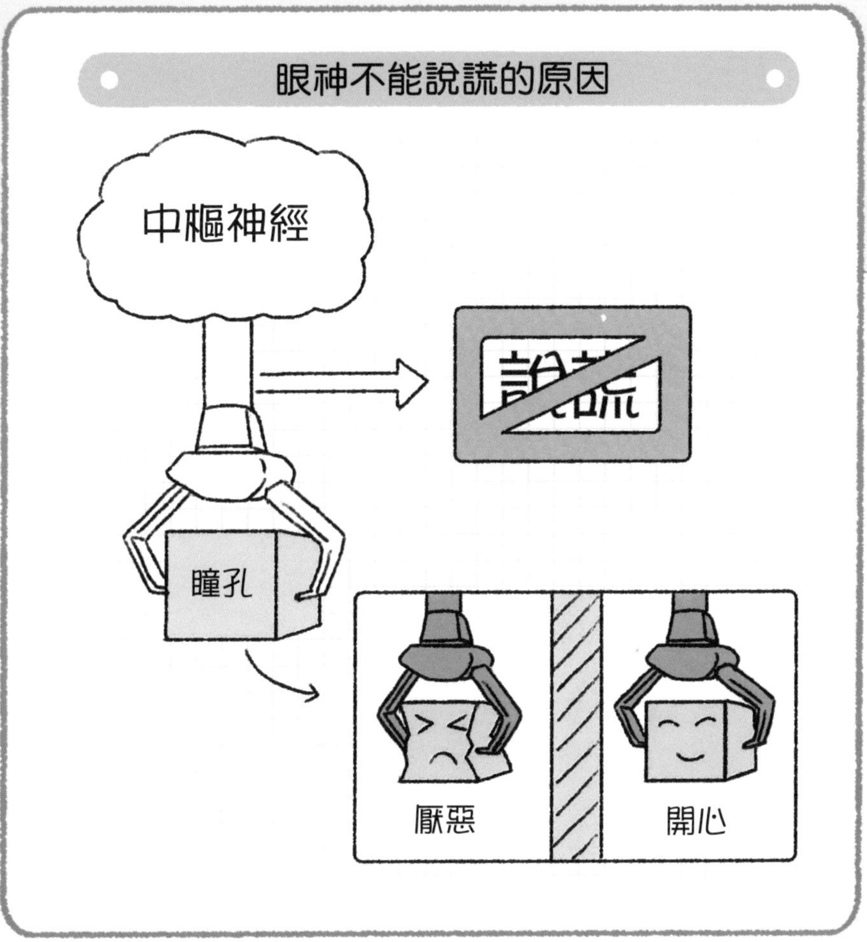

交集，那麼對方想表達的意圖就很明顯了：我正在忙，不歡迎訪客；但如果對方放下手頭的事情，直視你的眼睛，說明對你表示尊重。

其實，目光接觸的方式還有很多，比如趾高氣揚抬著頭、目光朝下看人時，很可能表現的是高傲，左顧右盼時很可能是心中有事或心虛等。透過觀察眼神能夠更準確的讀懂對方的真心，減小判斷失誤的機率。

7 出汗、臉紅、結巴，背後必有隱情

義大利流傳過這樣一句諺語：「世界上有很多東西會被隱藏在黑暗裡，但是黑暗永遠遮蓋不了太陽、月亮與真相。」正如這句話所說，真相不論怎樣都是有規矩可循，能夠被我們發現的。大到偵探斷案，小到平日裡的小謊，只要能掌握方法，對方想要隱藏的一切都會真相大白。

週末，小星在商場偶遇小池，上前打招呼時發現小池顯得有些尷尬，結結巴巴的表示自己只是來買瓶飲料，馬上就離開了。小池支支吾吾的樣子讓小星覺得事情沒這麼簡單，打聽後才知道，小池那天原本對上司說是要在公司加班的，結果卻悄悄出去見了朋友。

生活中，這種想要隱藏自己真實想法的情況很常見，主要原因有兩種：一種是對方想要隱藏對自己不利的情況，於是含糊其辭；另一種是討論話題涉及對方不想被深挖的事情，這時就會隱藏自己的真實想法。

QUESTION 疑問

當遇到問題但對方含糊其辭不願說明時，應該怎樣找出真相？

商場

嗨！小池！這麼巧……
我只是來買飲料，我回去了。

與同事喝下午茶

那天我在商場碰到小池，他有點奇怪。
那天他本來要在公司加班，結果出去見朋友了。

ANSWER 回答

可以直接提問，或者旁敲側擊，從一些細小的地方去觀察對方。表象和真相總是有關係的。

相信不少人都很熟悉一款名為「殺人遊戲」（Kill Game）的桌遊，遊戲中透過觀察每位發言者的陳述和表情行為，來判斷他的身分。遊戲中發言者會利用各種方法來隱藏自己的身分，這時就要考驗其他人的觀察分析能力了。其實這與我們生活中和別人的交流方式是一樣的，掌握以下方法，相信你不僅能玩好遊戲，也能在與他人交流的過程中更遊刃有餘：

1. 仔細聽對方的話

在交流中雖然「說」很重要，但會「聽」則是前提。比如買東西時詢問對方商品的價格，如果聽的過程中發現對方說話吞吞吐吐，則說明有隱情。

2. 使用各種手段找出其中的真相

交流時，如果對方閃爍其詞想糊弄過關時，必須換個思路從其他方面入手。比如以向對方提問的方式，從其他問題的答案中分析；或者可以請更專業的朋友幫忙等。

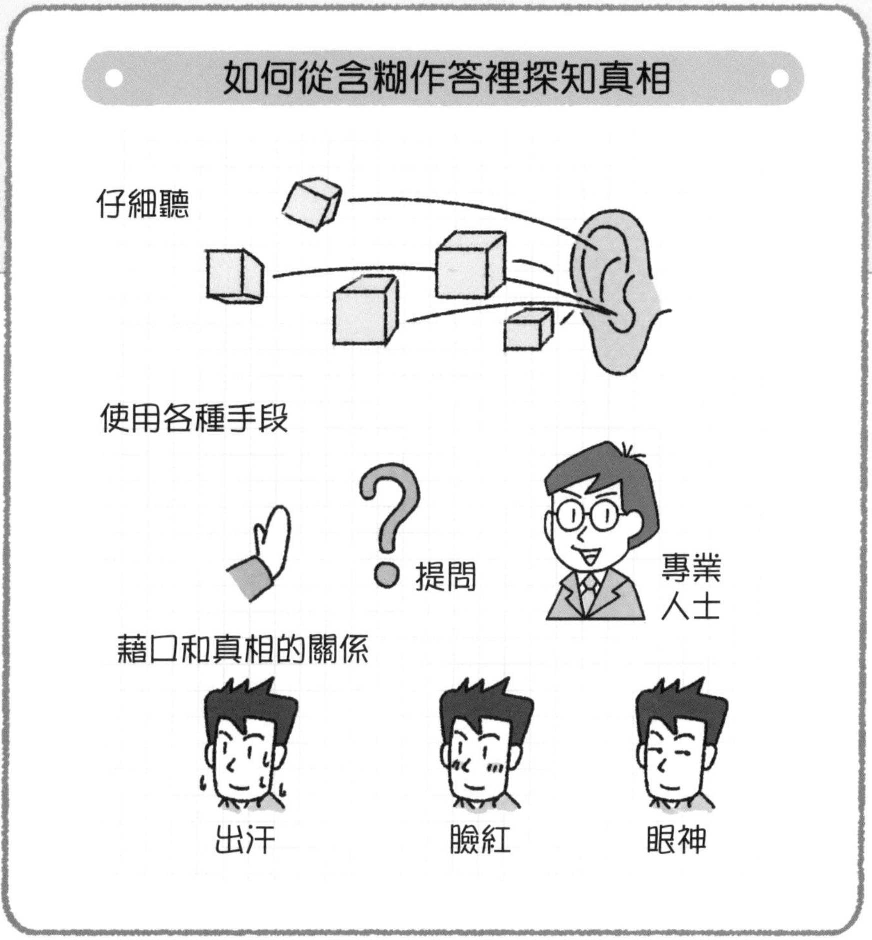
如何從含糊作答裡探知真相
仔細聽
使用各種手段
提問
專業人士
藉口和真相的關係
出汗
臉紅
眼神

3. 像組合套餐一樣，找到藉口和背後的真相之間的關聯（比如出汗和說謊）

藉口和背後真相之間總會存在關聯，只要透過細心的觀察就能夠找到。比如，當發現一個人說話時莫名的出汗，說話結結巴巴，說明他很可能在說謊。這些表現和背後隱藏的真相就像組合套餐一樣，只要你找到線索，就能對應找到答案。

從寵物身上可以觀察飼主的性格

生活中隨處可見的事物，只要你留心觀察，都能從中得到一定的啟發。那麼從身邊的寵物身上，我們能發現什麼呢？狗是人類的最佳搭檔，也是最大眾的寵物選擇，細心觀察牠們的舉動你會發現：愛叫的狗狗，飼主的脾氣通常都不太好，而如果狗狗平和順從，那麼主人的性格往往是親切溫和的。

透過了解被觀察者身邊的人和事，來分析被觀察者的性格，這聽上去有些不可思議，但如果你夠仔細，將會發現這一個觀察方法的妙處。那麼順著以上透過寵物來觀察飼主性格的思路，我們一起研究一下生活中人與人之間的關聯：

1. 店員和經營者的關聯

店員作為公司的一員，既和經營者有著上下級關係，又是經營者的工作夥伴，所以店員的工作狀態，會直接反映出經營者的管理思路。如果店員熱情勤奮、工作積極，那麼說明經營者的管理能力很出色，懂得調動員工的積極性，且深得民心；但

觀察寵物

如果店員的表現是懶惰鬆懈，態度惡劣，那麼經營者的管理思路可能就出現了問題，需要及時作出改變。

2. 夫婦之間的相似度

我們都知道「夫妻臉」這個說法，即一對夫妻生活久了，兩個人的相貌會變得相似。根據專業調查研究顯示，一對結婚五十年的和諧夫婦，相貌相似度指數會高達百分之百。其實，夫婦之間不只相貌會變得相似，由於長期生活在一起，他們的習慣、品味，甚至性格都會變得驚人的一致。所以，我們只要觀察夫妻中的一人，就能推測其伴侶的大概了。比如，如果我們發現夫妻中妻子生活勤儉，那麼她的丈夫也不會奢侈到哪裡去。

3. 朋友、同學、戀人等之間的關聯

人與人之間總會存在著千絲萬縷的關係，不管是什麼關係，我們都能透過觀察得出一些結論。兩個女生是十分要

好的閨蜜，其中一個直爽、愛熱鬧，那麼另一個大都也會如此待人處事；戀人的關係也很好判斷，如果其中一個很強勢，喜歡主導一切，那麼他的戀人一般會比較順從、溫柔，不然可能會出現「一山不容二虎」的嚴峻態勢。

觀察與分析確實給我們帶來了更靈活的思路，但由於人的思維是很複雜的，所以人與人之間的關係也不能用絕對的語言來概括。如果你想擁有超人的觀察力，還需要多多實踐。

在網路資訊高速發展的時代，我們的社交方式也發生著驚人的變化，但是萬變不離其宗，觀察方法永遠不會過時。繁雜的社交平臺會提供我們更便捷的觀察手段，透過留心對方的Instagram、臉書動態，我們也能快速的判斷他的性格和喜好。

簡單實踐法

透過觀察衣服去觀察別人，可以從身邊人開始。嘗試透過顏色、款式和質料去觀察身邊人的衣物和個人特點的對應，並記錄下來。

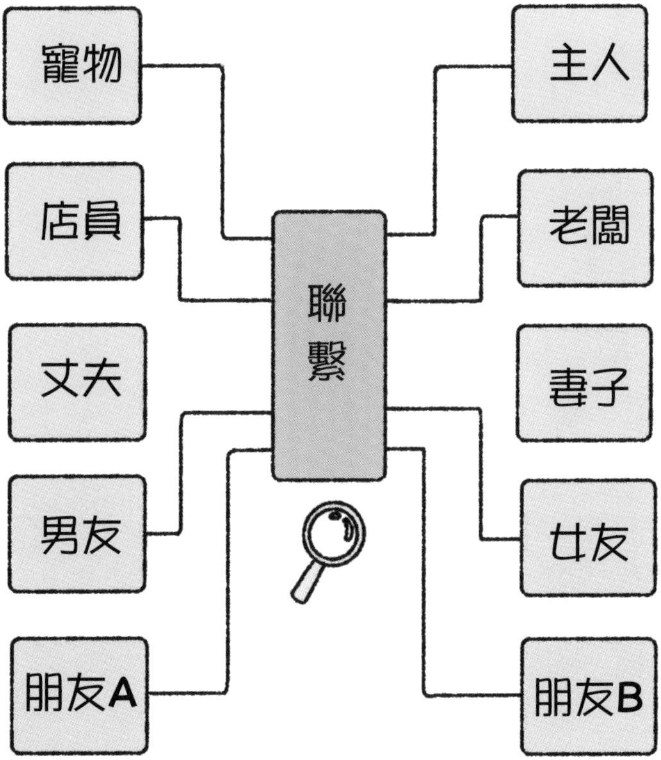

第4章

魔鬼藏在細節裡，讓觀察力為成交開路

1 從外貌觀察出一個人的職業

提到細節，那就不得不提到重量級別的人物——福爾摩斯，他永遠能在第一次與人見面時準確的說出對方的職業。在與華生第一次見面時，他迅速判斷出對方是一名從戰場回來的軍醫，這樣驚人的觀察力，任何人都想要擁有。

相信不少人都聽說過，一些公司在面試時，經理會偽裝成公司的低層員工在一旁觀察面試者的表現，如果面試者能夠慧眼辨識出對方的身分，就能輕鬆過關。小步在面試時，部門經理就曾偽裝成面試者和大家一起聊天。小步透過細心觀察，猜測到對方的身分，所以很注意自己的言行，贏得了經理的好感。

工作中接觸陌生客戶是很常見的事情，尤其是登門拜訪時，如果能先從某些細微特徵上敏銳的觀察出對方所從事的職業，那麼接下來的交流往往會事半功倍。

由此可見，在第一時間判斷出對方的職業是多麼重要的事情，既可以讓自己占得先機，也能在心理上預留出思考如何與對方打交道的時間。

QUESTION 疑問

　　經常有推銷人員能一眼就看出我的職業，然後就此跟我交談起來，我也不太好拒絕他們。他們是怎麼做到的呢？

等候面試

面試室
我能做的都做了，還是有點緊張。
以我的資歷，根本不用準備。
這種小公司，我一點都不緊張。
你們準備得怎麼樣呀？緊張嗎？
這個人好像是這家公司的高階主管。

面試之後

手機上的字：恭喜妳成為我們的一員……。

ANSWER 回答

可以從幾個方面去觀察他人的職業，比如身體特徵、穿著和言行舉止。在生活中多練習，觀察力自然就提高了。

拜訪陌生客戶對很多初入職場的新人來說，都是一個很棘手的問題，很多人都會覺得束手無策。但是跨過這個障礙是必須的，如果你想擴大自己的關係網，提升績效，就必須掌握相關的拜訪技巧。而拜訪時，如果能第一時間知道對方的職業，對後續的交談會有很大的幫助。

因為職業特性的關係，很多人會在某些方面表現出特別的地方，包括特殊的穿著、身體特徵、言行舉止等，透過對這些細節的觀察，可以判斷出客戶的職業或職業範圍：

1. 特殊的穿著

穿著正式西裝的人，一般多從事金融、銷售等行業；喜歡穿黑西裝，戴墨鏡的人，則可能從事保安相關的工作；穿著時尚大膽，很有自己個性的人大都從事藝術、廣告等行業。

2. 身體特徵

經常用筆的文職，食指和中指關節通常會有突起；游泳運動

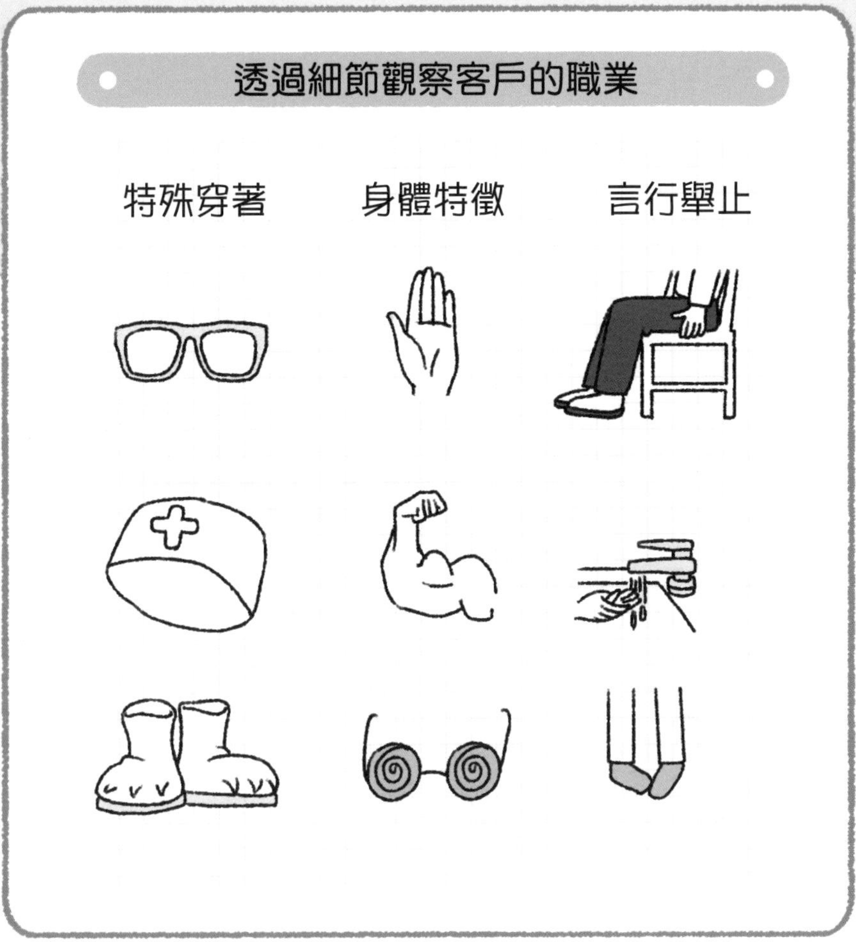

員，肩膀都特別寬，上身呈倒三角形態；彈吉他等樂器的人一般手指上有繭。

3. 言行舉止

軍人通常站、坐都很規矩，而且走路快；醫生一般會有潔癖，喜歡不停洗手，這樣才會感覺更衛生。

只要在平時的生活中多注意觀察不同職業人的行為特點，並多做累積，相信你的洞察力一定會越來越敏銳。

2 從握手禮儀分析顧客心理

握手是日常生活中使用頻率最高的禮儀。它既是人際關係必不可少的禮節，也是增進雙方情感的方式。

雖然握手的禮儀很常見，但其中蘊含著許多微妙的感情。不同國家、不同身分、不同行業、不同風俗的人在握手方式和含義上皆有所不同。陌生人初次見面時的握手，一般來說表達的是互相尊敬；朋友間的握手意味著真誠與熱情；上司同下屬握手表達的是一種信任與肯定；商業合作夥伴之間的握手，很可能包含著合作和商機；敵人之間的握手則有希望冰釋前嫌……。

簡單的握手還能判斷對方對我們的第一印象。有一次，拜訪客戶時，小澤發現對方與自己握手的力道很足，且上身前傾，便明白了對方對於這次會面抱有很大的熱情和期待，之前懸著的心也放下了。像小澤這樣，懂得觀察對方握手的方式和狀態，也是幫助我們分析客戶心理的重要方式。

QUESTION 疑問

上次結束跟客戶的交談後，對方主動跟我握手了，我以為這個案子十拿九穩了，可是最後還是沒談成。為什麼？

你好，
我是小澤！
從握手態度來看，對方對我們的合作有很大的熱情啊。
你好，
我是……。

ANSWER 回答

握手的方式有很多種，要表達的意思也不一樣。如果是快速且無力的握手，很可能是對方想盡快結束你們的會面和交談。

握手得體會給對方帶來好感，但這樣的禮節性行為，很多人做起來卻總是方法不當，而造成尷尬或突兀的負面效果。比如不小心伸出左手、用力過大或過小、手臂僵直等，都是錯誤的握手方式。

從握手時身體的姿勢，握手方式、部位、力度等細節，可以看出客戶的態度和重視程度。一般握手的方式可歸納為以下幾種：

1. 平等握手

這種握手方式是最標準、最常見的，用來表達對對方的友好。

2. 雙握式握手

顧名思義，即伸出兩隻手與對方相握，表示的是握手人的誠懇、熱情，以及對對方的極度尊重。

3. 碰觸指尖的握手

握手時只捏住對方的指尖。女性為了表現矜持，會採用此類的握手方式。但如果是同性別的人，這種握手方式則顯得有些生疏。

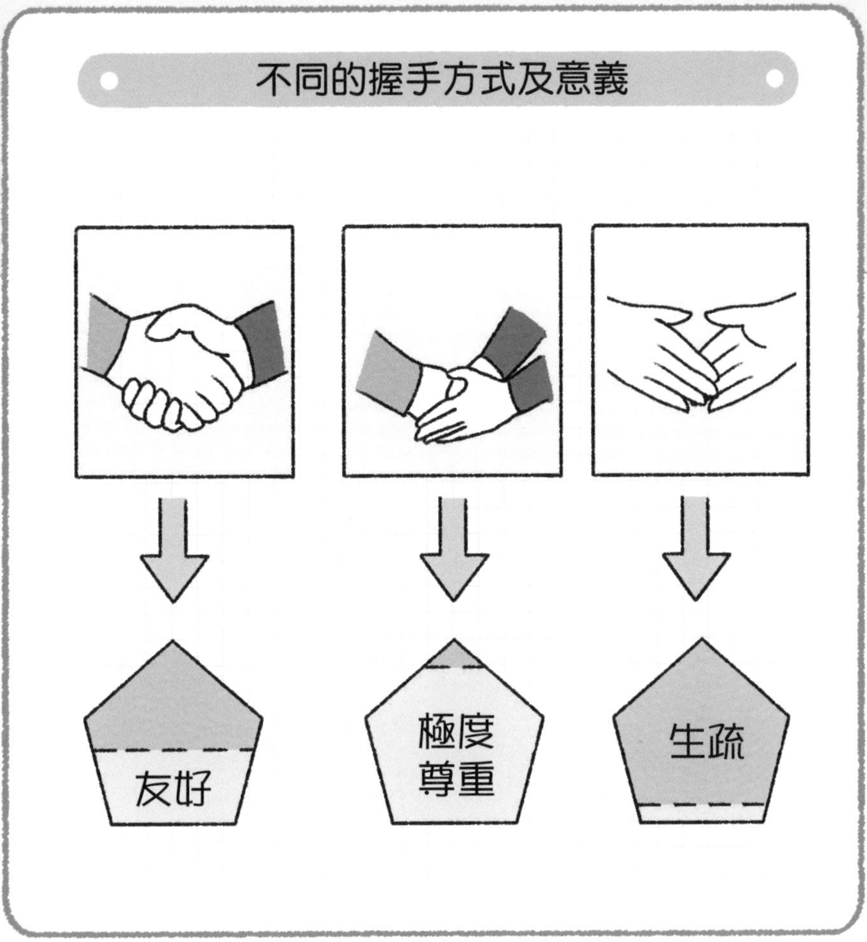

當然，握手的方式還有很多，比如握手時將你拉近身來，就明顯反映出對方的熱情；而握手時有氣無力則表示冷漠。

同樣的，我們還可以將握手的方式應用到很多其他的場合中，並觀察對方的反應。最常見的禮節同時也是最合適的觀察點，希望你能掌握握手的方式和技巧，在與他人溝通交流的過程中更加得心應手。

3 四步驟找到影響決策的關鍵人物

Key Man，即在面對多名客戶交流時，需要我們觀察判斷的有決策力的關鍵人物。乍看之下，想要找出這樣的人並不難，因為一般來說人們心裡有這樣的思維定勢——位高權重，認為只要是公司最高領導人就是決策者，但是有時候這樣的邏輯並不奏效，而且如果在不知道對方職位的情況下，你又該如何分辨呢？

有一個笑話，說一位推銷員歷經半個月的努力，終於有機會進入董事長的辦公室推薦產品，他忙活了半個小時後，對方卻很淡定的告訴他，他並不是董事長，董事長還在開會。這雖然只是個笑話，但是提醒我們：工作中需要找對關鍵人物，你的努力才可能有效果。尤其是在拜訪客戶時，如果接洽時找錯負責人，那麼不僅會給對方留下粗心、能力差的印象，下次再做交流也會處於不利狀態。

面對對方公司派出的多位代表時，如果覺得無從下手，那麼說明你的準備沒有做足。其實想要判斷對方是否是關鍵人物，最簡單直接的方法，就是先了解對

QUESTION 疑問

我打點了我見到的每一個人，但案子為何還是談不下來呢？

董事長辦公室

半小時後

ANSWER 回答

打點了每一個人，就等於一個人都沒有打點。擒賊先擒王，要找擁有決策權的關鍵人物去溝通才有用。

方的人事安排及決策機制。

在拜訪前，要先想盡一切辦法了解專案由「哪些人」負責，各個崗位的職責是什麼，這樣才能更好的判斷關鍵人物是誰，以及他的決策許可權。一般來說，專案都會由企畫、執行、財務、主管等人員負責，最初接洽的「那個人」可能是企畫和執行人員，很少為決策者，而財務人員也很好判斷。利用這樣的排除法，我們很快就能找到有決策權或影響決策的關鍵人物了。

找到關鍵人物後，如何與對方交流也是十分重要的。如果你態度輕漫，或者表現得缺乏經驗，都有可能造成溝通的失敗。所以，對於關鍵人物，我們要進行重點交流照顧，注意對方的一言一行，從中找到突破點。這往往能決定洽談的效率和成敗。

不僅如此，你還要學會分析關鍵人物的性格，這決定了你下一步所採取的交流方式。如果對方開門見山、胸襟寬廣，那麼也是最好打交道的一類人。他們看重的是能否雙贏，只要業績好就能打動

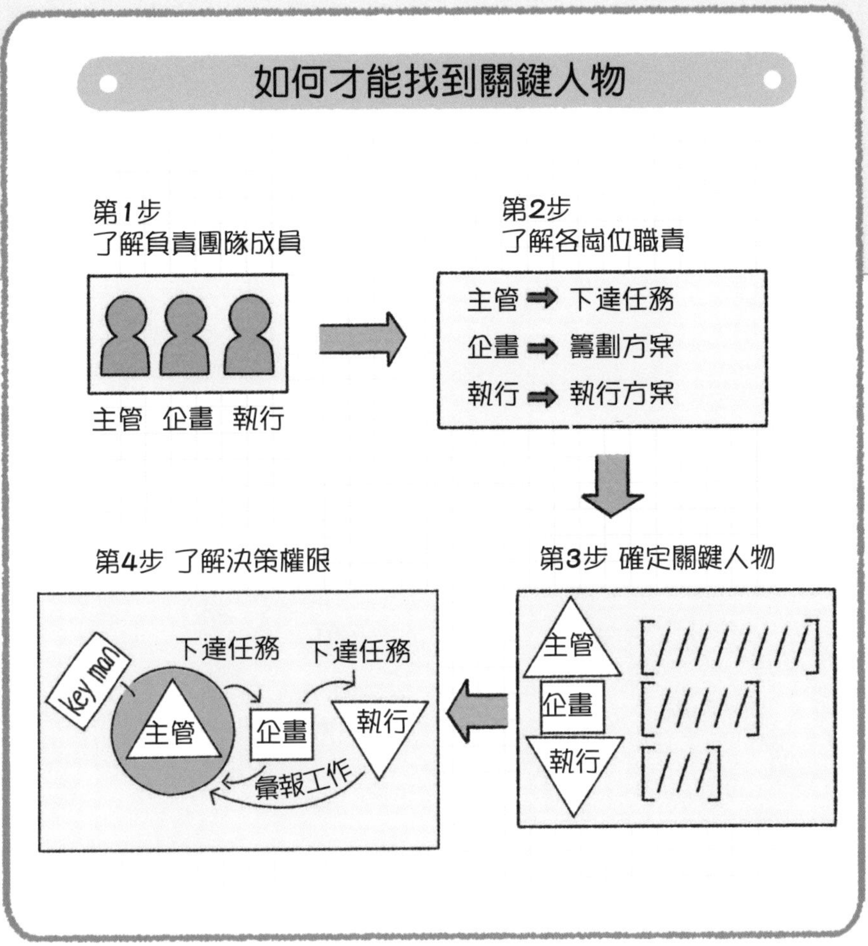

他們；如果對方注重個人利益的得失，則是屬於比較難對付的一類客戶。和他們交流時，要懂得引導，決不能一味的遷就，更不能同流合汙，考慮問題時要時刻以公司利益為基礎。

弄清楚關鍵客戶的身分和性格，才能定位自己工作的方法，這是提升效率的關鍵，否則就會事倍功半，甚至背道而馳。

4 準確識別顧客心思，有助成交

很多商家都懂得將客戶分級：普通客戶、貴賓客戶、金牌客戶等，在對待不同等級的客戶時也會有不同的待遇。商家尚且如此細心的了解客戶，對於職場人士來說，更需如此。但分析了解客戶的類型，比分析客戶的等級類型要精細得多，因為客戶的背後往往代表了另一個公司或企業。

小步作為新人，拜訪客戶時總是保持謙卑的態度，但她發現這並不是對所有客戶都適用。小星告訴她，要學會觀察客戶的類型，面對不同類型的客戶，要用不同的交流方式。對待苛刻的客戶，態度需要強硬一些，不能任其擺佈，失去自己的立場。

正如小星所說，客戶的類型決定了你應對的方式，差異化服務才能滿足不同人的不同需求，取得最佳效果。一個有豐富經驗的老員工，必定會透過各種手段收集客戶資訊，進行篩選分類，然後再制定詳細的拜訪計畫等。但是對於很多新

QUESTION 疑問

我一直用謙卑的態度面對客戶。有一些能夠相處得很好，有一些卻溝通不了，該怎麼辦呢？

客戶公司

XX公司
別跟我扯這麼多！價格必須再降 30%！
你的建議對我們來說非常重要，我們會認真考慮的。

辦公室

為什麼我明明用很好的態度對待客戶，效果卻不好呢？
對待不同客戶要用不同的方式。如果客戶苛刻，自己也要強硬些，不要任其擺佈。

ANSWER 回答

人的性格分為很多種，對待不同性格的人要用不同的態度，不然只會適得其反，達不到想要的效果。

人來說，這是個很大的難題，如果你能解決這個難題，無疑就能夠在職場上邁出一大步。

許多業務人員在拜訪客戶時，總把握不好客戶的心理，往往耗盡了時間、財力，客戶卻不買帳。更悲劇的是，有些業務員甚至被客戶蒙在鼓裡，成為了專業「陪跑選手」。

其實，摸準客戶的心思也不難，最重要的是要先了解對方的類型，對症下藥才能藥到病除。擅長辨別客戶的類型，並能夠快速採用恰當的交流方式，這是常與客戶打交道的工作人員的必備素質。常見的客戶包括沉默型、挑剔型、沒主見型等等。

1. 沉默型

此類客戶大都沉著老練，遇事不輕易開口說話，不急不躁。在與他們溝通時，要懂得有技巧的提問。

2. 挑剔型

這類客戶心思縝密，追求完美。能快速發現問題和缺點，並

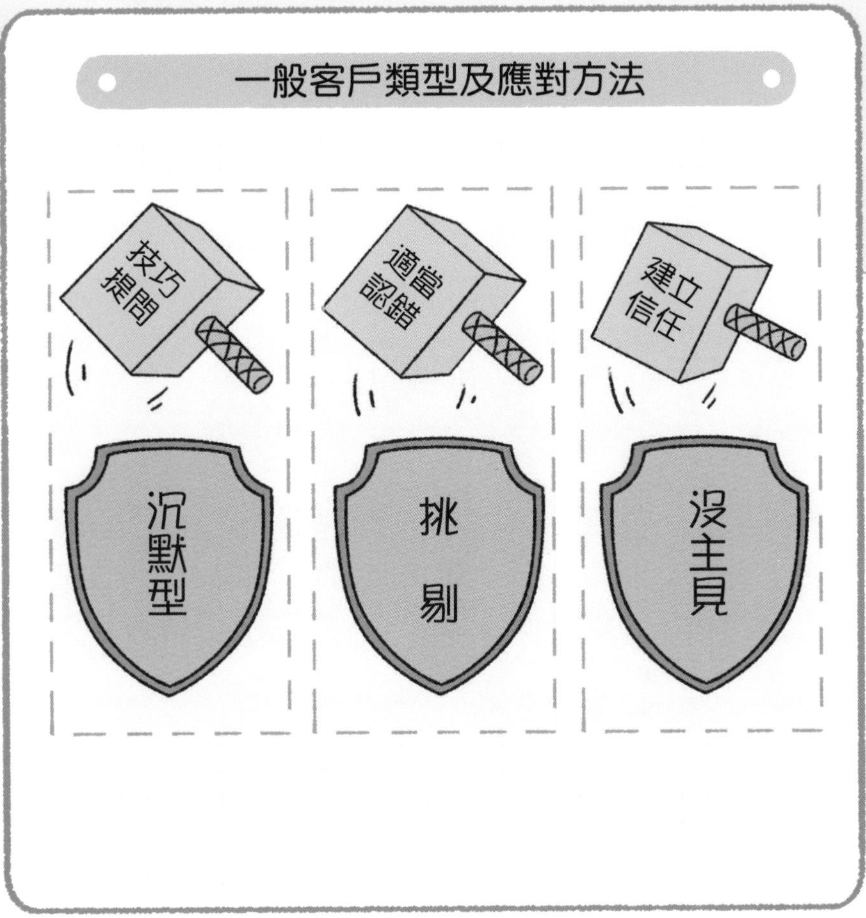

嚴厲指出。對待這類客戶要先站在他的角度考慮問題，避免抱怨。適當的認錯，並提出可行的解決方案。

3. 沒主見型

這樣的客戶顧慮比較多，通常不能立刻做決定。遇到這樣的客戶可以慢慢建立雙方的信任關係，讓對方完全了解自己和公司的優勢後，再推進後續工作。

準確掌握客戶的類型有助於觀察、分析客戶的客觀情況，了解客戶的需求，為自己爭取更多的主動權。

5 高層眼神老放空？問題一定棘手

現今社會，不僅普通職員要努力培養自己的能力，老闆、主管也不例外，俗話說：「老闆的格局，決定了企業的大小。」此話不無道理。所以，公司的高層人員不僅權力重大，同樣也代表著公司的顏面，而對於我們來說，拜訪他們也是考察對方客戶實力的一種方式。

小星和小步在為公司的新產品尋找合作客戶，在拜訪其中一家時，小步發現對方公司員工態度友善且人數眾多，她認為這樣的公司一定是很理想的合作對象。但是小星卻給出了相反的意見，他解釋道：「如果妳仔細觀察，就會發現這家公司的老闆在和我們交流預算資料時，總是面露難色，有點心虛，這其中一定有隱情，如果我們貿然和這樣的公司簽約，那麼無形中會增加合作的危險性。」

企業中，有些訊息只有公司的高層才能知道，同時知道的越多，擔負的壓力也就越大，所以，從他們身上觀察到的訊息，也最能反映公司背後的實力和存在的問題。

QUESTION 疑問

為什麼在拜訪客戶時，對方公司員工都很積極、也很有條理，但老闆還是否決了與他們合作的提案呢？

客戶公司
員工這麼多，態度又好，是理想的合作對象。
不見得。公司高層在談預算時面露難色，貿然簽約可能會有風險。

ANSWER 回答

你看到的可能只是表面，若你有心的話，在與對方高層接觸的過程會留意到一些細節，而這些細節對你們的合作有很大的影響。

老闆作為企業的核心和靈魂，肩負著很多責任。不少人不滿於屈居人下，希望自己當自己的老闆，但最後不得不向現實低頭，回到原來的崗位上。看來這個職位並不是那麼簡單就能做好的。我們在拜訪客戶時，需要多爭取和對方高層員工接觸的機會，這樣才能快速了解客戶的真實情況，以便決定下一步的行動。

1. 老闆的視線有沒有放空

如果你發現公司內部底層員工忙得不可開交，一副業績不錯的樣子，先不要忙著下結論，因為這些觀察到的只是表象，並不代表公司內部沒有問題。真正和公司領導高層聊天時，如果發現對方偶爾眼神空洞，並不像下屬那樣有緊張感；或是觀察到老闆偶爾面露難色時，就說明公司當下可能有很棘手的問題尚未解決。

2. 公司內部的整頓

公司內部的整頓，表現出一個公司高層人員的決策、安排，包括公司的組織架構、規章流程。如果公司內部安排混亂，該公司的

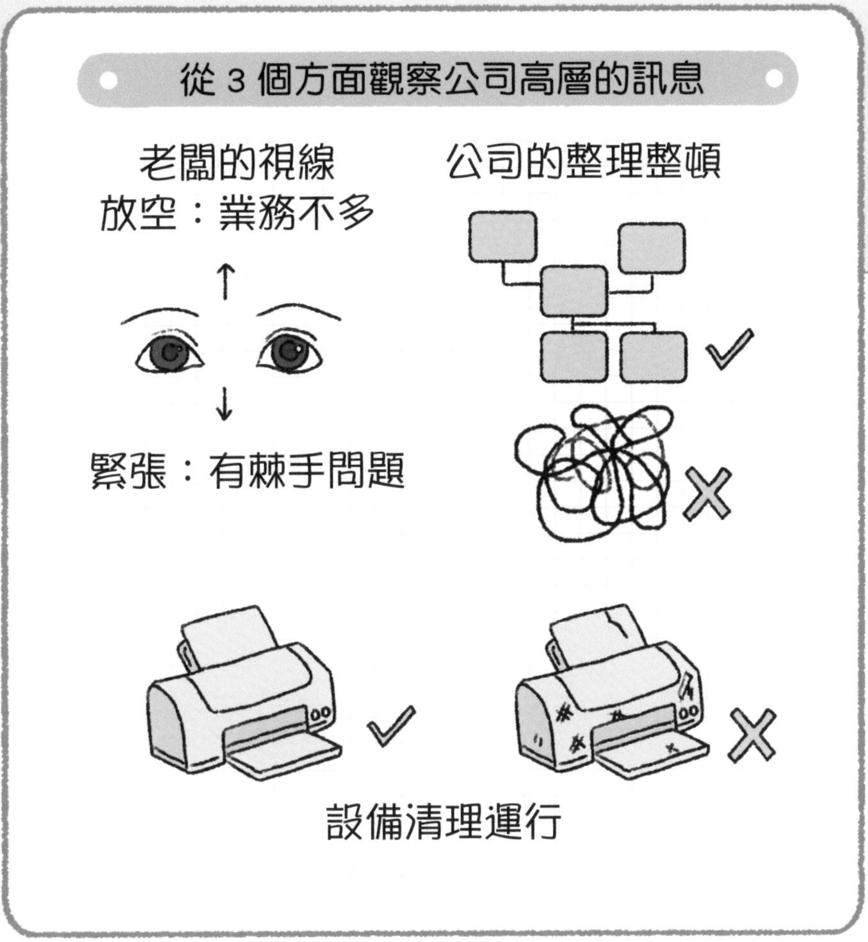
從 3 個方面觀察公司高層的訊息
老闆的視線
放空：業務不多
緊張：有棘手問題
公司的整理整頓
設備清理運行

能力必須受到質疑。

3. 機器設備類的清理

細節也能反映出企業高層領導的心態。比如觀察機器設備的運行、清理狀況。如果不重視這些細節，那麼老闆對公司的用心程度就值得懷疑。

總而言之，觀察客戶高層領導能比較直觀的分析對方的實力，由此做出是否值得合作的評估。

6 並不是所有的點頭都代表贊同

孩童時代，在學英語的時候，大家都會背這樣一句話：「點頭 Yes，搖頭 No」。但是長大後的我們漸漸發現，點頭並不代表真正的贊同。

看電視時，主持人在採訪時總會習慣性的點頭。當然，適當的運用點頭這一肢體語言是對被採訪者的言論表示尊重。但如果頻繁僵硬的點頭，那麼只會給人留下機械運動的感覺。「你給我講大道理，我頻頻點頭不代表我贊同，而是我睏了」。這雖然是一句玩笑卻不無道理，讓人不得不去反思點頭的不同含義。

小廣拜訪客戶時，發現對方頻頻點頭，心裡很高興，覺得合作一定能順利進行，但結果並非如此。小星告訴他，並不是對方點頭就表示同意你的觀點，還需要進一步的觀察和判斷。

可見，點頭這一頻繁出現的用於人際交流的肢體語言，背後隱藏著很多訊息，等待我們去仔細觀察。

QUESTION 疑問

有一次在與客戶的交流中，客戶對我頻頻點頭，我以為那是讚賞，就絞盡腦汁一直說下去，最後對方要求我們公司換一個人對接。

客戶公司
我們的合作是會產生雙贏局面的……。
辦公室
為什麼上次那個客戶在談判時，明明一直在點頭，最後還是拒絕我們了呢？
並不是所有的點頭都代表贊同，還有可能是不耐煩。

ANSWER 回答

點頭不一定代表讚賞，還很可能是不耐煩，希望你盡快結束。以後在觀察的過程中，要仔細識別對方的點頭方式，以免再犯錯。

點頭在生活和工作中是極為常見的動作。很多人並不把它當回事，但它卻蘊含著很多深意。有時，要結合客戶的具體表現去觀察，才能理解點頭的真實含義。

比如在會議、典禮、宴會等場合中，你總能發現一個人在滔滔不絕的講話，而其他人會頻頻點頭附和，一副極為贊同的樣子。如果你仔細去聽那些發言人的講話內容時，會發現不過是些很通俗易懂的道理，大家都心知肚明。類似這種情況下的點頭，目的並不是表達贊同，而是表示尊重，或是想要拉近彼此的關係。而緩慢、適當有規律的點頭，則表示正在認真聆聽。

另一種點頭的方式是小雞啄米式的點頭，也就是點頭動作多且快。這種時候，對方很明顯是在敷衍，甚至是不耐煩、不想聽。有時還會配合著說「是、是，好、好」等敷衍性質的語言。

在很多會議中，上司講話時，下屬都會習慣性的點著頭，表現出一副很認真、很認同的樣子，其實對講話內容根本沒有動腦

點頭的意義受動作與速度影響

速度／動作	緩慢	中等	快速
身體前傾	認真		
附和		尊重	
小雞啄米			敷衍

子思考。如果在交談中出現這種情況，想要拆穿對方的把戲也很簡單，只需要不時的問及剛才所說內容，或他的看法等即可。

在和客戶交流時，隨時注意對方點頭的含義，如果觀察到對方感興趣，那麼就要乘勝追擊；但是如果對方很明顯在不耐煩的點頭時，最好及時轉換話題，否則會引起對方的反感。

7 送客前講的話才是真心話

「桃花潭水深千尺，不及汪倫送我情。」這是李白所做《贈汪倫》中描寫自己與汪倫深厚感情的詩句。臨別時所觸發的真情實意，讓李白感慨萬千，可見人們習慣在送別時表達內心的想法。

其實，在生活中也是一樣，在各種送別的情況下，送別者內心所觸發的情感都是無法刻意掩蓋的。小廣第一次獨自拜訪客戶，緊張到幾乎無法與對方正常溝通。快到午休時間時，小廣觀察到客戶並沒有想要留他一起共餐的意思，所以識趣的提出了告辭。臨走時，客戶將小廣帶到電梯口，客氣的感謝他辛苦跑了一趟。小廣聽到這句話，又看到客戶略帶歉意的表情後，內心幾乎是崩潰的，因為他知道這句話背後的含義——暫時不考慮貴公司的方案了。

仔細分析送別時對方的話語，觀察對方表情，這樣所了解出的對方想法八九不離十。

QUESTION 疑問

客戶在談判中的態度，與在談判結束後送客時的態度完全不一樣，這是為什麼？

ANSWER 回答

因為談判時對方代表的是公司立場，送客時可以僅代表自己，人也會放鬆下來。所以送客時說的話一般都是真心話，下次要留意哦！

其實，人們在談生意、見客戶時，最後時刻很容易說出真心話。比如離開對方公司時坐電梯，或者出門時說的話。因為坐在辦公桌前，代表的是公司立場。而分開時心情會放輕鬆，乘電梯時一般是單獨相處，容易說真話，表露真心。所以，商談的結束不是在會議結束，而是在最後分別時的幾秒，這時是了解對方真實想法的最好機會。

最簡單判斷對方心思的方法是，當對方送你時，與你保持很近的距離，且步伐同步一致，則說出真心話的可能性大；而如果對方在你前面帶路，則機會不大。這種情況的分析非常重要。

此外，分析對方送別時的語言和熱情程度也是很實用的。相信作為職場人的你都有過面試的經歷，如果以此舉例我們不難發現，如果面試官送別時態度熱情，且重複期待聯繫的語言，則說明面試通過的可能性大；但如果對方送別的速度很快，也很著急結束對話，那麼說明成功的希望不大。不少面試老手單憑送別時

從送客行為判斷對方的心思
近距離步調一致
易說真心話
前方帶路不
易有交流
態度熱情
成功＞失敗
態度冷漠
失敗＞成功

的話，就能夠判斷出自己是否通過面試，甚至能夠反客為主，以此向面試官提出條件。

下次拜訪客戶時，不妨在最後時刻與對方攀談，相信一定能獲得對合作更有價值的訊息，為後續的行動做準備。

如何觀察名片？

名片是職場的重要標誌，也是我們與客戶聯絡，增加自身曝光度必不可少的工具。名片的尺寸一般都不大，但俗話說：「麻雀雖小，五臟俱全。」名片主人的資訊包括姓名、工作單位、聯繫方式等，都羅列在方寸之間，看上去讓人一目了然，所以對職場人士來說名片是很重要的。

很多職場人煞費苦心收集了大量客戶的名片，卻不知道如何利用，最後都丟在一旁，不了了之。其實名片並不應該止於收集，一張小小的名片，包含著豐富的訊息量，除了印在字面上的內容，還可以借助觀察，分析出更多背後的深層次訊息，例如名片持有者的誠意、工作態度等，有時甚至能夠推斷出對方公司的效益狀況。這些有價值的訊息可以幫助我們認清職場中的形勢，少走不少彎路。現在，我們就一起來觀察一下名片中的門道吧：

觀察名片

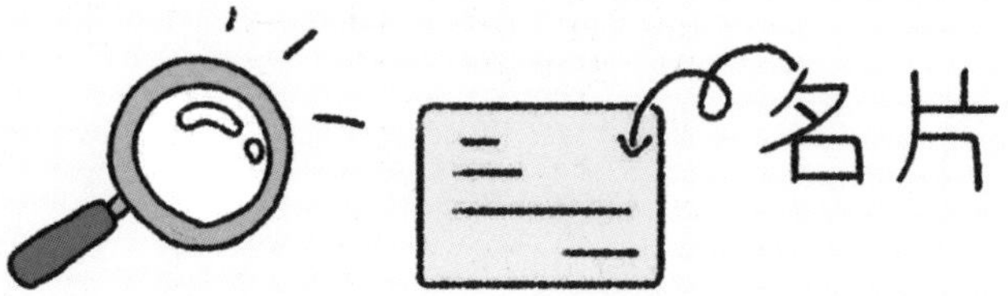

1. 從名片裡有沒有寫電話號碼，看出對方的態度

名片一個最重要的功能就是傳遞持有者的資訊。當你拿到一張名片後，發現上面沒有對方的聯繫方式，或者是基本資訊有誤，那麼對方給你留下的印象一定是過於草率，毫無責任感。所以，觀察此類名片可以分析出，名片的持有者不是個粗心大意的人，就是對合作並無誠意，如果日後需要與其接觸，你一定要格外留心。

2. 名片上的電話和郵件信箱是個人的還是公司的？

拿到一張名片後除了要察看對方的個人資訊，還要注意對方所留的電話和郵件信箱的屬性是公還是私。如果名片上所留郵件信箱或電話為公司專有，那麼會給人留下公司管理規範嚴謹、更加專業的印象。而且，個人資訊為公司專有，還能夠說明名片持有者對公司的忠誠度高，不會輕易離開工作崗位。

3. 如果名片上印了很多廣告？

名片雖小，卻能夠起到以小見大的作用，除了能夠說明持有者的工作態度，還能反映出其公司的現狀。因為名片是一家公司外在形象的重要展現，如果發現名片粗製濫造，甚至印了廣告，那麼這樣的名片就很難讓人將它與一家實力雄厚、管理有規範的公司聯繫在一起了。不僅如此，對方的公司甚至還會被懷疑是，隨時可能消失的「空殼公司」。相反的，如果是一張精心設計過的名片，會在很大程度上增加商業活動中公司的可信度，為公司贏得意想不到的商機。

學會像偵探一樣去觀察名片，你就能透過各種蛛絲馬跡，發現其背後隱藏著的「真相」。所以，對名片觀察的細緻程度，決定了你是否能發現對方公司存在的問題，並得到自己想要的訊息。而這些才是收集名片的意義所在。

簡單實踐法

名片是職場中的敲門磚。作為一個職場新人，以後在設計自己的名片，或者接受他人的名片時，都可以運用文中提到的知識去觀察。

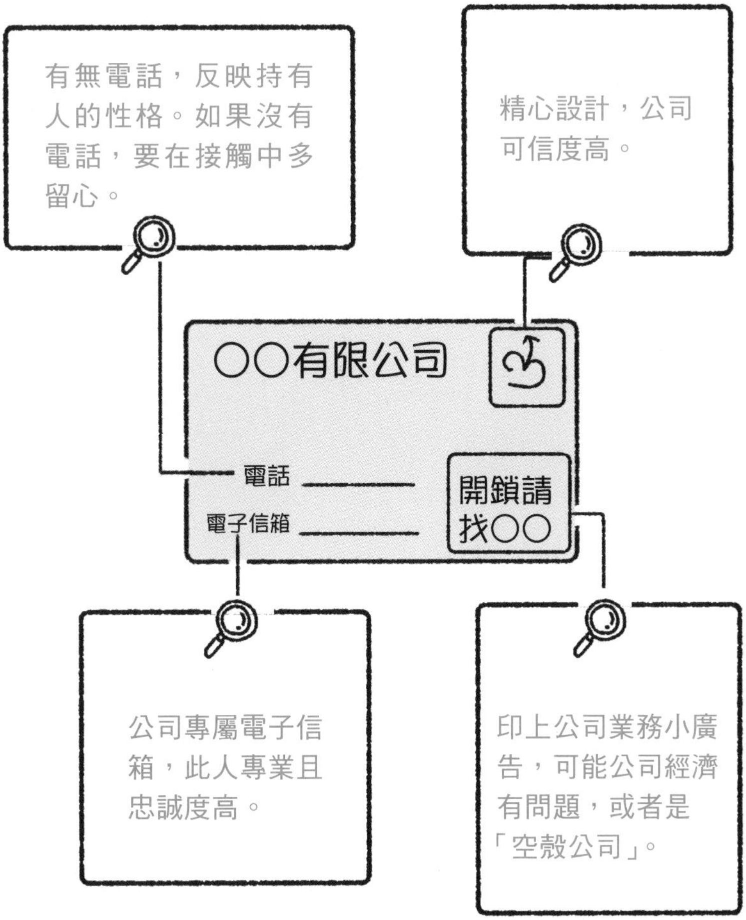
有無電話，反映持有人的性格。如果沒有電話，要在接觸中多留心。
精心設計，公司可信度高。
○○有限公司
電話
電子信箱
開鎖請找○○
公司專屬電子信箱，此人專業且忠誠度高。
印上公司業務小廣告，可能公司經濟有問題，或者是「空殼公司」。

第5章

一流人物一定要懂得以「貌」取人

1 從點菜行為看出對方是否有從眾心理

中國人對吃的要求很講究，餐桌禮儀更是面面俱到，所以就連點菜，我們也能觀察到很多訊息。當與朋友、同事一起用餐時，你會發現每個人點菜的習慣都不相同，而這背後所反映的則是人的心理活動。

如果你仔細觀察餐館裡的點菜行為，可以發現人們傾向於選擇最被常點、最暢銷的菜色，他們覺得那些菜想當然的應該是最好吃的，而且跟隨大多數人的做法去行動至少不會出錯。小廣和朋友約好週末一起吃飯，用手機搜索餐廳時，小廣發現，朋友在選擇時基本只挑選評論最多、好評最多的餐廳，點菜時也是一樣，暢銷品和賣家推薦是必點項目。

其實，大部分人都或多或少有從眾心理。但從眾心理只是一種心理現象，不能用單純的好壞去評判。所以問題的關鍵在於，我們要對其有一個基本的認識之後，再好好利用這種心理。

QUESTION 疑問

為什麼大家出去吃飯，都喜歡點菜單上的暢銷和推薦菜？

ANSWER 回答

這是由於從眾心理導致的，大家會下意識的認為跟別人點的一樣，就算不好吃，也不會難吃到哪裡去。

不僅是點菜，人們在面對其他選擇的過程中，也容易受到從眾心理的影響。很多商家會抓住客戶的這種從眾心理，這也是廣告和銷售中最常用的手段之一。比如餐廳的菜單中，商家會刻意標注出主廚推薦、招牌菜這樣吸引人目光的字眼，這就是對顧客從眾心理的一種利用。或者我們常聽到類似「千萬人的選擇」等廣告詞，這些都是在對顧客進行暗示，有這麼多人都已經選擇，你也應該如此。

從眾心理有以下幾種情況：

1. 當別人都這樣做時，我跟著做至少不會犯錯，也不會太差；
2. 想融入新環境時，為了不讓其他人排斥自己，而選擇和他人做相同的事情；
3. 遇到自己沒有做過的事情，效仿他人的方法可以尋求安穩。

從眾心理有消極和積極兩方面的影響。比如當大家都在排隊時，你就會不由自主的站到隊尾，這就是積極的影響；反之則是

從眾心理的 3 種原因

小提示
並不是所有人都有從眾心理。

消極影響，如果大家都在闖紅燈，那你也很有可能放鬆注意力，和大家一起走。所以，只有當我們具備了獨立思考的能力時，才能真正看清事情的本質，分析利弊，做出合適的判斷。

但並不是所有人都會有從眾心理，而且每個人從眾的程度都不同，這些細微的差別都需要我們更仔細的去觀察才能發現。

2 手摸脖頸多半是心有愧疚

眾所周知，小孩子在做錯事後，害怕父母的責罰，喜歡躲起來。這就是最原始的內心愧疚的表現。長大後，我們不可能再像小時候那樣躲避懲罰，而是勇敢承擔，但是愧疚的心情並不會隨年齡的增加而減少，而這種心理會從日常簡單的動作中流露出來。

有一次，小廣和同事一起翻閱公司的合作案時，發現有個專案在中途擱置，造成了不小的損失。就在他們討論時，小星恰巧經過，聽到了他們聊天的內容。小廣注意到小星的神情馬上變得不自然起來，而且不停的用手摸著脖子，說了兩、三句話就匆匆離開了。後來，小廣從別人那裡得知，這個專案的損失是由於小星個人的疏忽才導致的。

不難看出，小廣他們的談話無意中觸及了小星工作中的失誤，讓他處於一個尷尬的情境，好在當時小廣沒有繼續深究。所以日常交流中，隨時留意他人說話

QUESTION 疑問

如果發現有人嘴上說的話，和身體的小動作之間不能協調一致，這時該相信哪一個呢？

ANSWER 回答

肢體小動作常常是人們在無意之中表現出來的，因而非常真實，比語言更有可信度。

時的行為舉動是很有必要的。說不定從這些細微的變化中，我們可以避免一些尷尬的事情。

心理學家證明，人們在感覺緊張或者愧疚時，會不自覺的用手觸摸身體，這些細微的動作包括握緊拳頭、摸脖頸、摸鼻子、咬嘴唇等。如果仔細觀察，這些動作在日常的人際關係中常常出現，而動作頻率的增加或幅度的增大，則表示了人們感到的壓力在加大。人們要想刻意的去避免這些動作一般很難，因為這是人類在感覺到危機時，大腦觸發的一系列保護自己、放鬆情緒的機制。

要留心對方手摸脖頸的這類舉動，因為這是碰觸到對方地雷區的危險訊號，表示對方心裡有所隱藏，有難言之隱，是不利的訊息不想被刺探到時的困擾反應。這時，如果毫無顧忌，任由話題繼續進行，可能會觸及對方底線，甚至會激怒對方，這並不是我們想看到的結果。所以，如果發現對方做出以上舉動時，應隨機應變的結束話題，或轉移話題是比較明智的選擇，既能解決眼

小動作表現情緒壓力

前的尷尬，也能幫對方挽回面子。

然而，人類的情緒反應極其複雜，不能一味簡單的概括而論，只有真正結合對方的處境來分析，才能了解對方的真實心理，讓我們做出正確的應對行為。

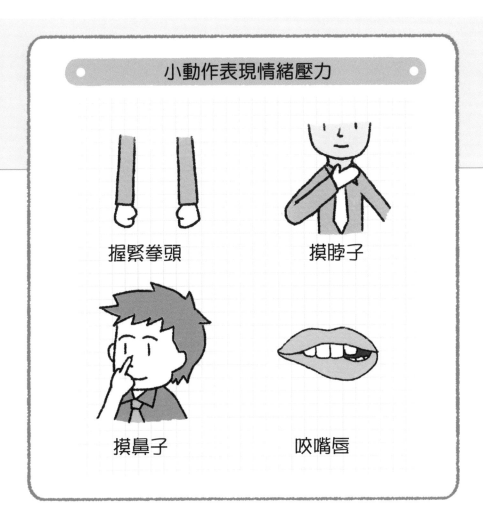

3 低頭打電話的人通常很正直

人們習慣性的在打電話時做出各種小動作，這些動作大都屬於下意識的行為，透過對它們的觀察，我們可以發現不少訊息。

有一次，小池在工作中出現了失誤，導致客戶的財產損失，上司要求他馬上打電話給客戶致歉。雖然這次失誤的主要責任不在他身上，但是上司的命令不得不聽，於是小池撥了通電話給客戶，耐著性子將這件事應付了過去。掛上電話後，小池發現上司正遠遠的盯著他，並把他叫到辦公室批評道：「一個不用心道歉的員工怎麼能贏得客戶的原諒，我從你打電話的姿勢就看出你不是真心道歉，現在你去反省，想明白了再給客戶打一通電話。」

原來，小池打電話時，一邊抬頭看著天空，一副漫不經心的樣子，這個細節正好被上司看到了，並由此得出上面的判斷，而事實也正是如此。根據微表情心

QUESTION 疑問

在不會影響其他人的情況下，為什麼很多人打電話時也喜歡躲著說話？

喂，顧先生？上次那個案子不好意思啊……。
是！是！
看你的姿勢就知道不是真心道歉！想清楚了再給客戶打一通電話！

ANSWER 回答

躲著打電話一般是出於隱私的考量，因為打電話時的神情動作，會洩露許多說話人的訊息，因此不想被別人看到。

理學，當你在電話中表示歉意時，如果並非真情實意，是很容易被身邊的人透過動作所看穿的。

如果你觀察到一個人在打電話道歉的同時微微低頭，那麼這是一種真實的肢體語言，即使對方看不到，但也仍表達出對對方的尊重，和對談話內容的投入，也就是言行合一，這樣的人通常是很正直、可信賴的；如果嘴上說對不起，但身體沒有相對反應，則歉意並非出自真心。

這是因為，人的身體是一個有機統一的整體，言行一致是一種自然的對應關係，說什麼樣的話，同時也會表現出什麼樣的動作，這樣才會顯得和諧和真實。同樣的，當你想要表達什麼樣的情感時，對應的動作也可以起到說明和強調的效果，例如你打電話向他人道歉時，可以嘗試著讓自己身體微微前傾，這時你會體會到自己的語氣也會顯得誠懇一些。

打電話不是面對面的交談，所以有的人便以為可以胡編亂

言行一致的道歉才是真道歉

造，但由於不是真實思想的流露，表達時會出現語氣、語速等不能吻合的情況，會引起聽者的懷疑。即使電話那頭的人沒有意識到，身邊的人也已經將你的這種行為看透，心裡會對你有看法。

總之，打電話是人際關係中十分常見的一項活動，如果你想要了解一個人的性格特點，不妨從觀察對方打電話時的交流方式入手。

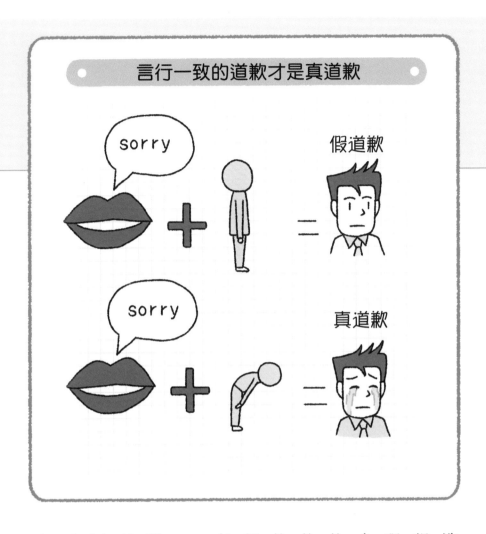

4 電梯理論的人性觀察

每天上下班搭乘電梯的經歷，可能並不被人們所重視，但是在這個密閉狹小的環境中，陌生人之間偶然的產生了交集，形成了一個小型的群體空間，是幫助我們訓練觀察力的有利場所。

早上上班尖峰時，電梯裡總是擠滿了人，小步注意到，這個時候大多數人會保持沉默，並習慣性的看著某一處。比如死盯著自己的手機，盯著電梯裡的公告，或者看著樓層的按鈕等，神情既緊張又僵硬。

這是因為電梯狹小的空間，打破了常規中人與人之間的安全距離，一般來說，這個距離只有維持在一臂遠時，才會給人安全感，但在電梯中基本無法保持。此外，還有一部分人似乎並不在意空間的狹小，依舊大聲的回覆電話，或者一副面無表情的樣子。可其實從心理學上分析，這類人是故意表現出不在乎，來掩蓋內心的緊張，這從他們走出電梯的一剎那，表情立刻變得放鬆就能得到證明。

QUESTION 疑問

為什麼在電梯裡，大家都習慣性的盯著樓層按鈕看？這種情形弄得我也常常緊張不安。

12
是因為安全距離被打破了，大家才這麼僵硬吧。

ANSWER 回答

在電梯之類的狹小空間裡，人的私人空間被嚴重侵占，會變得尷尬和緊張，所以往往會透過轉移注意力來緩解。

乘坐電梯時會產生尷尬緊張的感覺，這實際上是一種很正常的心理反應。狹小的空間裡，私人空間被侵佔，讓人感到不快，產生想要盡快「逃離」的想法。這時，透過將注意力轉移並集中到其他地方，可以緩解內心的不自然感，所以電梯中時常會出現所有人動作一致，非常整齊的瞪著樓層按鈕看的有趣情形。

同理，在擁擠的公車或地鐵中，我們也會感覺到不自在，原因也是有人闖入了我們私人空間的「保護罩」中。

透過觀察人在面對狹小空間的態度，可以大致分析出對方的性格。如果對方喜歡站到角落裡，而且盡量低頭看地板，身體蜷縮，說明他不善於與陌生人打交道，性格內向；如果有人面帶微笑，主動與你攀談，說明他很喜歡交朋友，性格外向；還有人會無所顧忌的一直大聲講電話，他很可能是那種以自我為中心，甚至是自私的人；至於心裡緊張卻裝作無所謂的人，往往自我防衛意識很強。

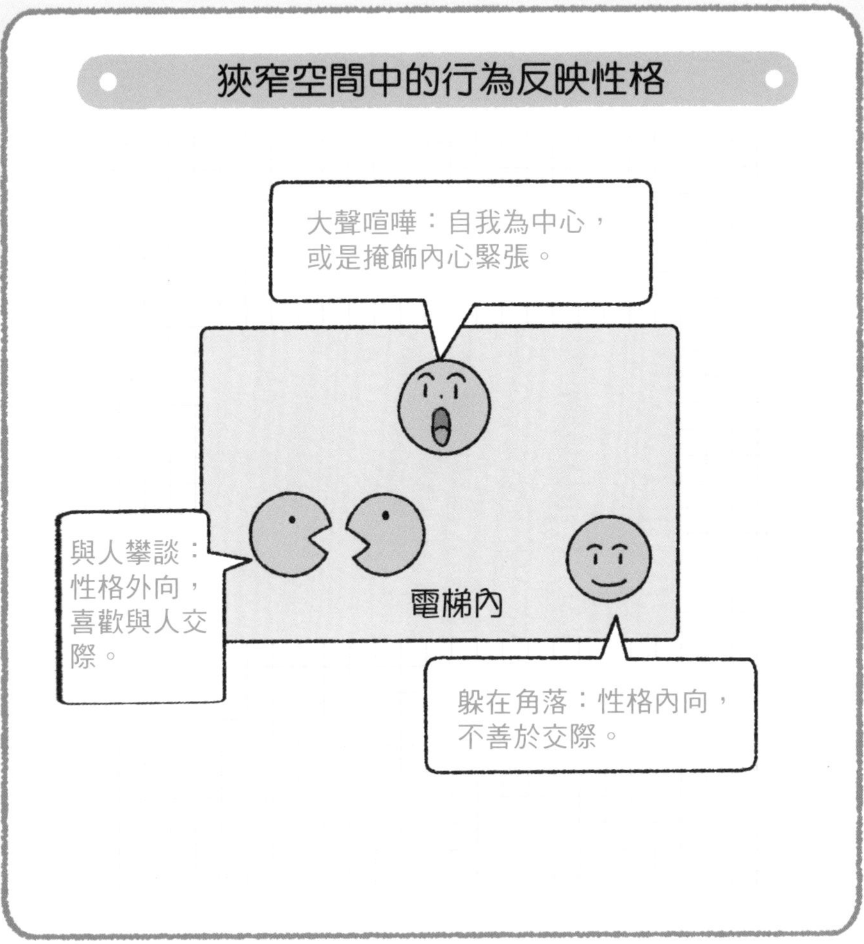

其實，當你明白了電梯裡大家都會感到緊張時，克服起來就不會太難。試想一下，作為職場新人，如果在電梯中遇到上司或者同事，光靠躲避、低頭不語，這只會讓情形更尷尬。

這個時候，盡量放輕鬆，微笑的打招呼並簡單的問候，出電梯時說再見，才是表示禮貌的正確做法。

5 過於謙虛的人通常是希望得到認可

謙虛的態度可以拉近雙方之間的心理距離，是維持良好人際關係的方法之一，而過於謙虛的人則把這種方法看得很重，有時候他們會認為尊重對方比尊重自己更重要。

小廣是一名應屆畢業生，到職後工作態度十分謙虛，給人一種很好相處的感覺。在一次成果彙報會上，小廣發言時不停的強調自己剛畢業，沒有工作經驗，如果彙報得不好請大家原諒。這樣不自信的謙虛表現，引起了經理的反感。會後，經理找到小廣，對他說：「你做得已經非常好了，不要這麼謙虛。你的自貶並不會給你帶來好評，在我看來，有時你的謙虛反而成為你不能完美的執行工作的藉口。」這一席話給了小廣很深的觸動。

其實，做任何事情都應該掌握好一個尺度，如果超過尺度，結果只會適得其反。俗話說：「過分謙虛就是驕傲」，就是這個道理。

QUESTION 疑問

謙虛是美德，可是為什麼有些人謙虛得會讓人覺得很難受？

ANSWER 回答

謙虛是美德，但過度謙虛就會給人一種口是心非的虛偽感。而且過度謙虛的人通常只是希望得到讚美，所以會讓人感到不舒服。

過於謙虛的人從來不會承認自己做出了成績，雖然他自己和別人都明白，那是他的功勞。而當有人誇讚他時，他就推脫自己並沒有做很多，而是別人的功勞，這顯然不是事實。出於顧及他的顏面，澄清事實或者討好等原因，別人只能再次強調他的功勞，繼續客套下去。

這種現象在生活中隨處可見。

「你數學分數好高啊！」、「並沒有，還是你綜合分數高。」

「今天的會議是你來主持啊，好厲害。」、「沒有啦，我都沒有好好準備。」

體會這些對話，會發現過於謙虛的人總是以自我否定來回覆別人的誇讚，這看上去是反駁了對方，但其實是一種迎合行為，希望自己被認可。透過貶低自己，給自己過度的差評，來得到別人的認可和好評。

與人相處時，互相「客套」是一種很傳統的禮數，比如初次

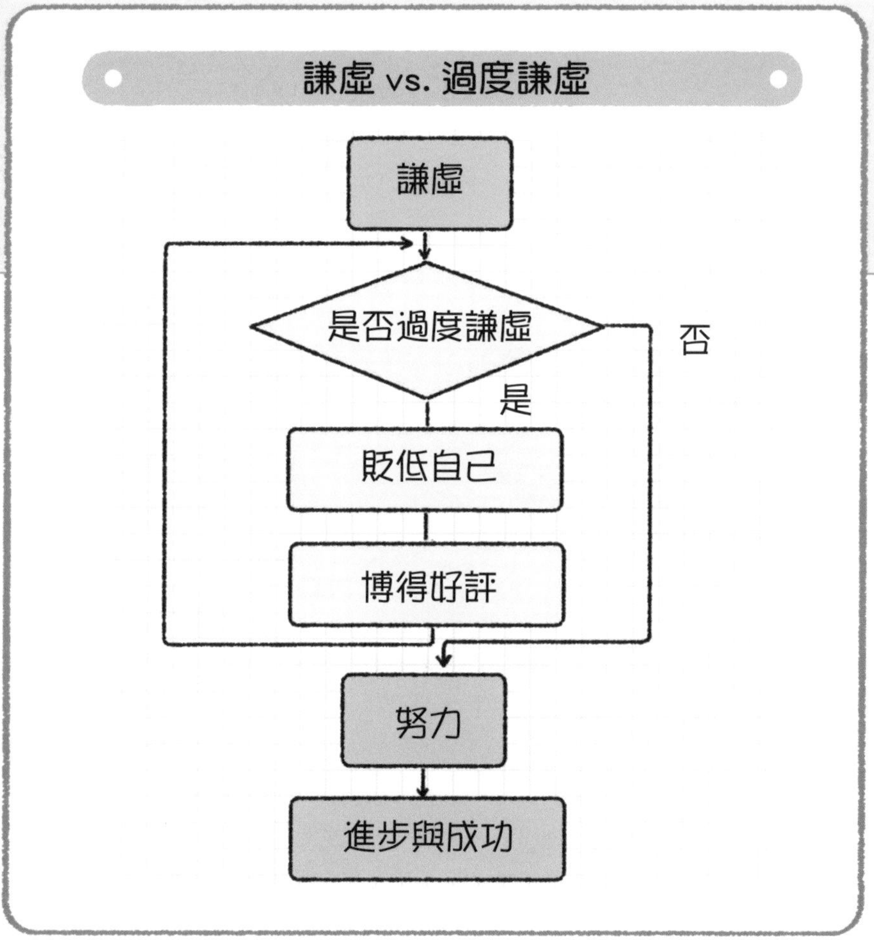

見面會說：「久仰」；請教他人時會說：「請教、賜教」。但如果過於客套或是過於謙虛，就會給人生疏的感覺。

在和過於謙虛的人相處時，要能夠認清他謙虛的面具，不要因為他推脫讚賞就輕視他，而是要能夠觀察出其內心的真實想法。尤其在和很好的朋友交流時，如果過分謙虛會讓對方產生距離感，或者給對方一種口是心非的虛偽感，需要把握好分寸。

如何在聊天時引起對方的興趣

工作中，不少業務員都面對過這樣的問題，在和客戶興高采烈的聊天時，卻發現對方給出的回話只有簡單的一、兩個字，這種時候氣氛很尷尬；也有很多人時常會產生這樣的疑問，為什麼有的同事一說話總能引起所有人的興趣，但自己卻被稱為「話題的終結者」？

如果你也有過這樣的經歷，那麼很可能是由於自己聊天的內容，無法引起對方的興趣造成的。一般來說，眼神游離、不時的看時間、摸一下和反覆摩擦鼻尖都是對話題不感興趣的表現。

這時，我們就要採取一些方法來挽回目前的局面了。首先，要捫心自問，為什麼對方會不感興趣呢？其實，答案很簡單，很有可能是我們只站在自己的角度考慮問題，而忽略了對方的興趣點；還有就是所談的內容並不觸及對方的利益。所以，我們可以從以下兩個方面來引起對方的興趣：

引起對方的興趣

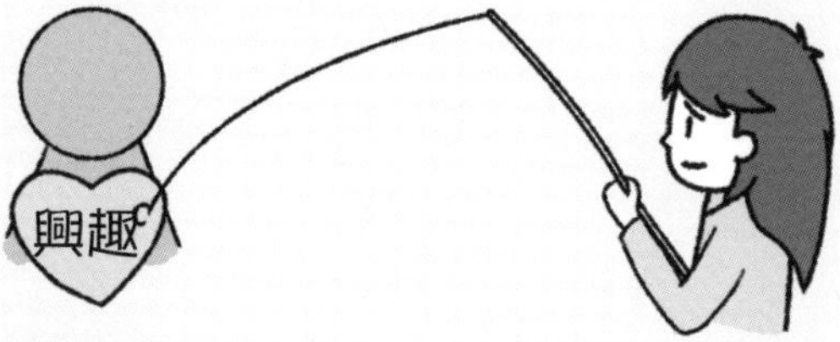

1. 聊天時觀察到對方不感興趣時，表示內容沒吸引力，最好改變話題

如果繼續沒有吸引力的話題，只會讓對方更加反感，甚至心生厭惡，對合作或者對自身都沒有好處。此時，能夠隨機應變，找到對方感興趣的內容，投其所好轉變話題，才是最明智的選擇。一般來說，日常的簡單話題都可以是一開始打破沉默的方法，包括天氣、個人喜好等。

從中我們可以觀察到對方對類似話題的興趣點，然後，選取適當內容進一步展開。比如從天氣可以擴展到交通工具、居住環境、孩子教育等生活方面的話題。鋪墊此類輕鬆的話題後，再把真正想聊的問題拋出來。這樣不僅能給對方適當的心理緩衝，也讓雙方在互相了解的情況下繼續深入探討，達到事半功倍的效果。

2. 商談時，可以試著提出更好、更有吸引力的條件

商業談判時，更好、更有利的條件是吸引對方注意力的關鍵。很多客戶談判時，喜歡一針見血，如果條件不合適就不願意繼續浪費時間。所以事先了解對方的心理預期，闡明自己比其他合作方的優勢在哪裡，如果合作成功會給對方帶來什麼樣的利益。

需要注意的是，即便是與客戶談論他感興趣的內容，也要隨時關注對方的表情，當其表現反感時，要立刻停止或轉移新的話題。

簡單實踐法

在交談中，如果發現對方出現下面表格中的行為，就要及時更換話題哦！

- 摸鼻子
- 看時間
- 眼神游離

……

……

第6章 觀察的下一步，體察

1 體察，就是對他人心情的顧及

人類的情緒十分精細微妙而又複雜多變，即使面對相同的事件，不同人也會產生不同的情緒反應。比如下雨時，有的人會想到：「下雨好可惜，沒法出去跑步了」；還有人會想：「下雨真好啊，空氣清新」。所以在觀察分析對方情緒時，我們不能像做數學題一樣得出唯一的答案，而是要因人而異，努力站在對方的情境中，考慮對方的心情。

小步是個很懂得體察他人心情的細心人。有一天午休時，小廣正在加班處理一件很棘手的售後問題，但辦公室其他同事卻聊起天來，這讓小廣無法聚精會神的工作下去。小步發現小廣情緒變得煩躁，但又不好意思說，明白他現在肯定不想有人打擾，於是便邀請其他同事一起出去散步，給小廣創造了一個安靜的環境繼續工作。

QUESTION 疑問

有時候，我因為沒戴眼鏡，所以沒有跟路上遇到的熟人打招呼，他們事後會告訴我他們很不開心，可是我不是故意的。

ANSWER 回答

他們不開心是因為他們的心情沒有被你顧及，而你剛好可以在這個時候表達歉意，這也是一種體察。

其實，體察對方心情的道理很簡單，就是努力想像對方此時此刻的心情。生活中，很多人都會像小步一樣懂得為他人考慮，因為這樣不僅可以獲得友誼，同時也是最大程度的利己。

有些事情說的容易，但想要做好很難。

職場中即使工作能力很強的人，也可能在為自己的社交能力發愁，也有不少人被貼上了「EQ低」的標籤，這些人很多是敗在不懂得體察他人的心情上。他們往往對他人心理活動的認知比較單一，無法體察不同人在不同環境中可能產生的不同心情。把複雜、多樣化的心理活動簡單化，並且只會站在自己的角度處理問題。這種「以不變應萬變」的態度，就好像以為自己拿到了一把萬能鑰匙，想打開所有門鎖，結果卻處處碰壁，將自己逼入困境。

簡單的打開思路，在交流時有意識的觀察對方的處境，想像對方心情即能夠做到體察對方，進而升級為體貼。

體察是想像對方的心情，把自己的想法傳遞給對方，比如鄰

體察是對心情的顧及

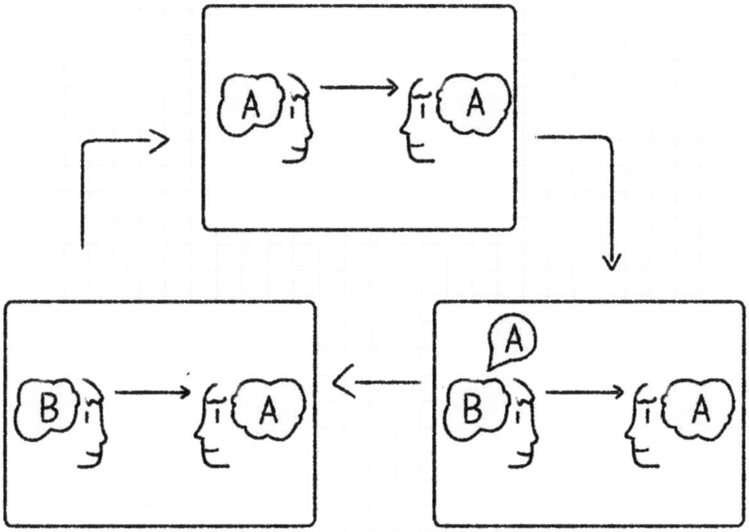

里鄉黨打招呼，其實並非想問對方吃飯了沒有，而是傳達見面時的一種心情。但如果對方熱情的走過來，準備和你打招呼時，你卻轉頭看向別處，沒有呼應對方，這也是一種不懂得體察對方心情的行為。

人際交往過程中，如果雙方都能夠隨時顧及對方的心情，那麼溝通的效率會大大提升，哪怕只是做到一瞬間的傳達領會，也是對人情的體察。

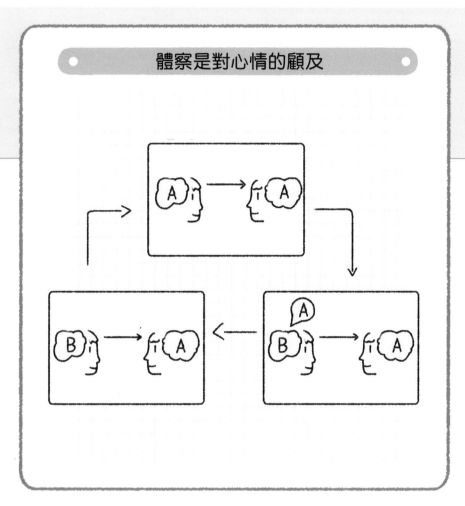

2 一個人有沒有「教養」，關鍵在體察

我們經常會聽到身邊的人抱怨生活不如意、工作不順利、沒有人理解自己等，總之，就是不滿足現在的生活狀態。但如何才能轉變這種消極的生活方式呢？反思一下自己的行為吧，看看是否是你的思維方式出了問題。

小廣的工作能力很強，但他在到職前面試的幾家公司都拒絕了他，為此他苦惱了很久。後來他才明白是由於自己總是粗心的忘記面試時間，讓面試官等很久，導致給對方留下了極差的第一印象。

小廣認為，自己不過是遲到一會兒，並不會產生多大影響。可是在面試官看來，小廣卻是個沒有時間觀念的人。為了等他一人，其他人的面試時間都要往後推遲，這種不能體察他人心情的職員即使工作能力再強，公司也不能錄取。

改掉遲到的毛病後，小廣不僅通過了面試，而且懂得體察的重要性，讓他在

QUESTION 疑問

我不想虛偽的生活，去迎合討好別人，那樣得來的好人緣我也不想要。

不好意思，儘管你的履歷很豐富，我們還是不能錄取你。
難道是因為我遲到嗎？
面試
恭喜你被錄用了，履歷豐富又守時，是我們需要的員工。
原來守時就是一種對他人的體察呀。
面試

ANSWER 回答

每個人都是需要關懷的。體察別人並不是虛偽，而是一種修養和技能。如果別人做事不顧及你的心情，你同樣也會覺得不舒服。

與他人溝通交流的方法上，也有了新的認識。

很多人會有疑問：「老闆到底喜歡工作能力強，還是社交能力強的人？」其實，兩者缺一不可，都是職場必不可少的技能。但是，換種方式思考，一個人即使工作再幹練，卻給人留下很差的印象，最終得到的評價也不會太好；而如果一個人，工作能力平平，卻能利用社交能力，調動自己的人際關係完成工作，那麼，以此來看，社交能力強的人，在工作中更能遊刃有餘。

能夠體察身邊人的情緒是社交能力強的重要表現，可以從以下兩個方面出發來嘗試鍛鍊體察的能力：

1. 一點點的細微體察就可以得到周圍人的信賴

日常中最細微的小事更能考驗體察的能力：不在他人午休時大聲說話；保證不遲到；能力所及的幫助別人，哪怕只是舉手之勞，都可以讓對方感受到你的關心，對你產生好感。

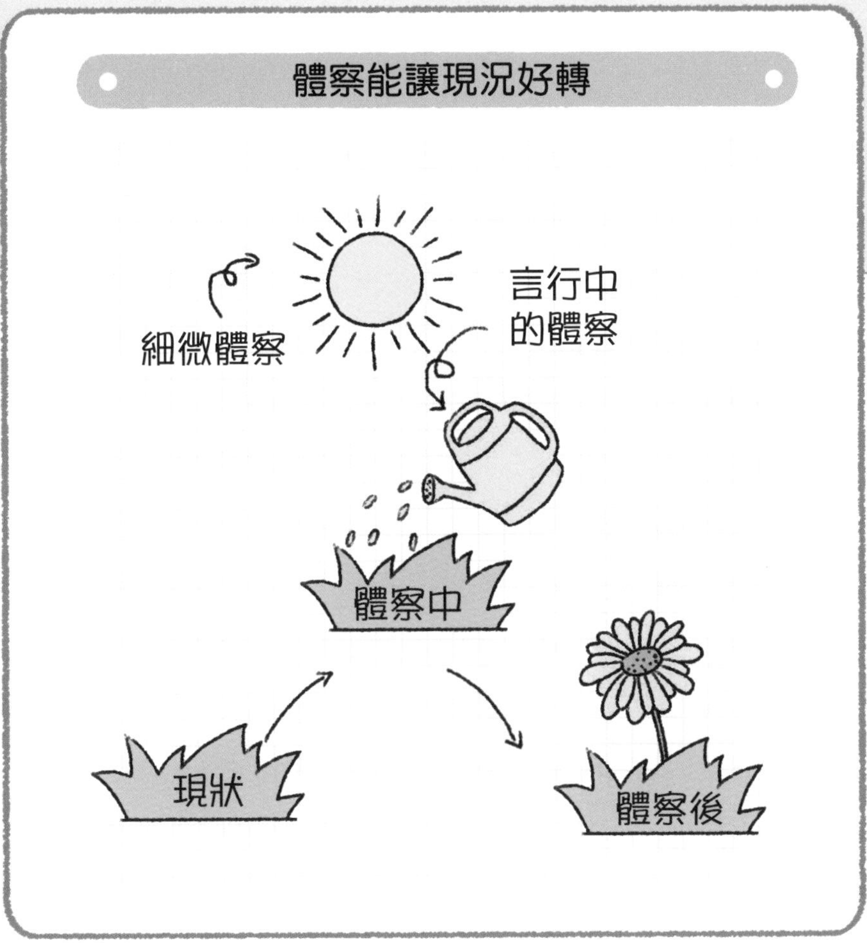
體察能讓現況好轉
細微體察
言行中
的體察
體察中
現狀
體察後

2. 這不是高難度技巧，而是馬上可以開始的事情

不要把體察對方的心情，想像成只有社交高手才能做到的事情，而是將它貫徹到自己的一言一行中。如果你把體察想像得很難，反而在心裡給自己預設了限制，只會永無止境的拖延下去。

學會體察他人的心情是最直接提升社交能力的方法，將其運用到實際中，相信你的工作和生活都會順利很多。

3 站在對方的角度去想他的心情

從一出生開始，我們就在不斷的學習和掌握各種技能，從最基礎的走路、說話，長大後學會的讀書、認字，到豐富我們生活的游泳、開車等，可以說人生就是一場學習技能的過程。

體察也是必須掌握的技能之一，它很難用學會與否來衡量，而是取決於你是否願意主動去做。

有一次，小星和小廣為客戶處理售後問題，客戶很難纏，小星卻保持著耐心的態度，盡全力為客戶想辦法解決問題。小廣很佩服小星的耐心，但自覺資歷尚淺，無法體諒客戶的心情，便一直站在旁邊看著。事後，小星告訴他，不要否定自己的能力，體察其實很簡單，只要能站在對方的角度去理解對方的心情，帶著這樣的意識去工作，那麼也就能夠耐下心來了。後來小廣遇到客戶問題時便不再站在一旁，而是努力體察客戶的心情，工作順利了很多，也贏得了客戶的好評。

QUESTION 疑問

其實有時候我是很想關心他人的，可是又怕因為我不大會體察，而導致表達不當引起別人反感。

ANSWER 回答

體察是人人都能學會的技能，但前提是你要去做。從細節上去為他人做點什麼，即使一開始不熟練，多嘗試幾次就自然會了。

正如小星所說，體察並不是特別高深的技巧，而是一種行動和習慣。只要你帶著這種意識去行動，就能掌握體察這項技能。

我們之前提到過，在日常的人際交往中能夠察言觀色、考慮對方的感受，有益於我們在語言和行動中調整自己，達到人際關係和諧的目的，從而改變自己的現狀。道理人人都明白，但能夠真落實到行動中的卻是少之又少。

體察這項技能，其實就像我們生活中學習的任何一項技能一樣，如果你能調整好心態，現在就開始行動，沒有什麼事情是做不到的。就拿小時候認字來舉例，從不認識字到認識字，我們不過是增加了練習的時間。每天都在寫、都在背，自然而然就掌握了。但如果你總是有心理負擔，把認字當作一件很難的事情，今天拖明天、明天拖後天，那麼很可能一輩子都學不會認字。體察也是一樣。開始行動、開始思考，就一定能夠掌握體察的技巧。當然，掌握程度和我們練習方法和熟練程度有關。

體察是開始行動，養成習慣
將體察意識裝進大腦
大腦
開始行動
GO！GO！
養成好習慣
今日體察打卡
體察達人

與西方人直接、爽朗的個性相比，東方人在人與人交往中顯得格外委婉含蓄，再加上地域廣博，人際交往中有很多差異化存在，這就更突顯了體察對方情感的重要性。將體察鍛鍊為日常的習慣，有助於我們維持和諧的人際關係，也是作為職場新人必備的技能。

4 說話直不該成為不禮貌的藉口

很多人在心理上會有這樣一種理解，即認為體察對方的心理活動是在「琢磨人」，這種行為並不是君子所為。這其實只是為自己的懶惰和無知找藉口，因為體察人心畢竟是一件費時費力、很費頭腦的事情。事實上，很多世界偉人都是體察人心的高手，善於了解他人的情緒、心情也是構成他們偉大人格的一部分。

「我這個人說話直，你們別在意。」是小澤剛來公司時的口頭禪。他性格確實直爽、快言快語，但總是只顧自己一時口快，很容易傷人。很快大家便發現了小澤說話直的表面之下，是他懶得去顧及別人的心情。

當你的語言或行為讓對方感覺到你並沒有體察之心時，是馬上就會被對方察覺到的，這時別人心知肚明，並且在心裡給你打上了「自私」的標籤。年齡越大越是如此，而最糟糕的是，這些你永遠不會知道。

生活中，是否有過這樣的經歷：向朋友訴說了一大段自己的心路歷程，期待

QUESTION 疑問

我說話比較直，所以很容易得罪別人。我也想改，可是不知道怎麼做？

ANSWER 回答

「直腸子」和懶得體察他人其實是兩回事。如果是懶得體察他人，最好轉換一下意識，因為這樣很容易被識破自私的本質。

他的安撫時，卻只收到幾句敷衍的話語。估計這樣的朋友會馬上被你納入黑名單，以後有事情再也不會找他。其實，這就是最普遍的毫無體察的表現，對話中，不能感受對方的情緒，從而做出了錯誤的回應方式。

如果你無法忍受這樣的行為，那麼就應該反思一下，自己在和他人溝通交流時，是否也會犯同樣的錯誤呢？

1. 人在空閒時都會願意去體察別人

有時候，我們總抱怨父母嘮叨，他們無時無刻的關注我們的工作和生活，其實是因為他們空閒的時間比較多，自然會把精力放在我們身上。當我們的生活節奏也慢下來，有閒暇時，多去看看身邊的人和事，就會發現體察並不是難事。

2. 忙的時候往往難以做到體察，但其實忙的時候更要去體察，這是訓練的好時機

真假體察在忙的時候自然就會暴露出來。比如，快要交貨

時，再忙也要給對方打電話通知，以免對方擔心，這樣的體察對方很容易就會感覺到；但如果不打電話，自顧自的發貨，那下次別人忙的時候也不會顧及你。

懂得體察的人會給人留下可靠的印象，而這些都是透過每件細微的小事體察出來的，不要以為自己忽略的簡單小事無傷大雅，它們都是改變你的社交現狀的因素。

5 與其強行控制情緒，不如以行為抒發

很多人喜歡將喜怒哀樂寫在臉上，他們高興時手舞足蹈，難過時愁眉不展，生氣時暴跳如雷，人們可以很輕鬆的透過這些肢體語言，判斷他們的心情。但糟糕的是，很多時候他們自己並不知道情緒已經表露無疑，甚至給他人帶來了不好的影響。

中午用餐尖峰時，是餐廳服務員最忙碌的時候。仔細留意的話，你會發現有的服務員即使忙碌，也會留意觀察顧客的需求，耐心的回應；但有的服務員卻因為忙碌而變得態度粗魯，甚至對顧客的需求置之不理，不耐煩的心情顯而易見。對照來看，人們會更願意與前者交流，而對後者退避三舍。

其實，這樣的場景在生活和工作中比比皆是，忙碌帶來的壓力讓我們身心疲憊，難免會不經意間把壞情緒發洩給身邊的人。但是我們要明白的是，沒有人是我們的出氣筒，即便再忙也要注意自己的言行舉止，哪怕一個眼神、一個表情，

QUESTION 疑問

我是一個脾氣很火爆的人，剛到職事情有點多，很容易控制不住就發火，或者是把情緒寫在臉上，我該怎麼辦？

ANSWER 回答

有情緒很正常，但是被情緒左右，影響到自己的工作和生活就不好了。當情緒上來時，可以嘗試轉移注意力和轉換環境。

也能表露我們的心情，造成對方的不快。一個對自己有掌控力的高手，是從來不會讓情緒左右自己的。

人不可能永遠處於好情緒之中，尤其是對於剛入職場的新人來說，一切新鮮的事物意味著對一切的未知，而挫折、煩躁等消極情緒的產生都是必然的。我們要做的不是去避免消極情緒，而是學會去接納那個不太完美的自己。那麼，我們該如何面對自己的消極情緒呢？

1. 轉移注意力

當意識到自己心態消極時，可以試著轉移話題，或者找些其他的事情來做，以轉移注意力。看電影、聽音樂、看書等都是不錯的選擇。等過後再來回想，那些讓我們產生壞情緒的事情，可能根本無關痛癢。

2. 適當發洩

當壞情緒累積到一定程度時很可能會爆發，造成不可收拾的

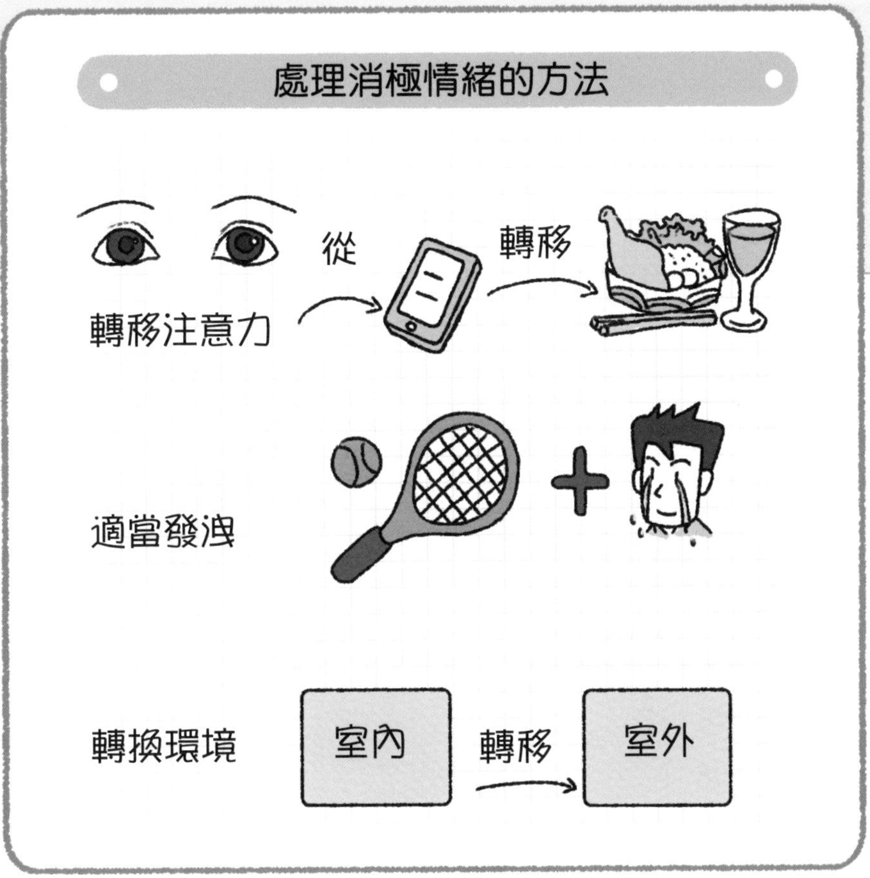
處理消極情緒的方法
轉移注意力
從
轉移
適當發洩
轉換環境
室內
轉移
室外

局面，所以不要總將自己的壞情緒憋在心裡，向身邊的朋友訴說，或者找個安靜的地方宣洩情緒，釋放內心的苦悶。

3. 轉換環境

都說旅行可以放鬆心情，當心情很差時，確實可以換個環境來調整自己。即使是到自家樓下的公園裡走一走，也可以讓情緒平靜下來。

處理消極情緒的方法有很多，希望你能找到最適合自己的方法，一定要記住，不要總是不經意間將消極情緒展現給他人，帶來不必要的麻煩。

6 為什麼我們總是用最惡毒的話傷害最親密的人

放假了，終於有時間多陪陪父母，卻往往能聽到這樣的抱怨：「我和媽媽有代溝，她不懂我的想法。」、「爸爸不會用新手機，老是要我教他，我哪有時間。」他們彷彿過著不耐煩的生活，煎熬著撐到了假期結束。可是一回到崗位後，卻馬上換了一副面孔，耐心的為他人解答問題，畢恭畢敬的對待客戶。

很多人在與陌生人相處時懂得以禮相待，但對待身邊親近的人卻很隨便。真正會體察的人，他們反而更能做到觀察身邊人的一舉一動、一言一行，明白對方的心情之後去體貼他們。而越是這樣的人，越能受到人們的歡迎。

小步因為工作過度忙碌，忽視了對家人的體察，意識到問題後，她開始留意父母的生活。她發現父母整天悶在家裡，還常望向窗外發呆，她想像著一定是父母退休後生活很無聊，無處打發時間才會這樣。於是小步決定改變這樣的現狀，

QUESTION 疑問

有時候想表達對家人和朋友的關心，可是又覺得直接說很不好意思，所以就默默放在心裡。

我太忽視
對家人的
體察了。

爸、媽，這次
旅行開心嗎？
開心、開心！
我女兒真是
太貼心了。

ANSWER 回答

其實可以用體察的方式去表達你的關心，用具體的行動，一個電話、一個假期的陪伴，對方自然而然能夠感受到你的關心。

經常回家陪伴老人，還和他們一起外出旅行。自此，一家人的生活變得更加和諧起來。

其實，之所以會對親近的人產生不耐煩的情緒，是因為他們是最能包容我們的人，也是我們永遠不擔心會失去的人。遇到煩心事我們不可能對同事或老闆發脾氣，因為這會影響到我們的人際關係，甚至關係到自己的工作事業。回過頭來觀察，即使對親近的人出言不遜，對方也都會原諒。但這並不應該成為傷害親近的人的藉口，懂得體察他們，接受他們的善意，能讓彼此間的關係更加親密，也能促使我們自己成長。

不可否認的是，我們東方人並不像西方人那樣善於表達自己的情感，越是對關係親密的人，越羞於表達。如果你覺得平時不好意思說感謝、信賴之類的話語時，可以透過體察去表達這類感情。

在家中如果觀察到父母的孤獨，就多花些時間陪伴他們；感受到親人對自己的擔心，就常打電話給他們告知近況；如果親人

用體察向身邊的人表達情感

口頭表達情感，會讓雙方都比較尷尬。

相較而言，體察能更自然的帶給家人溫暖。

為我們端上一杯熱茶或準備了豐盛的晚餐，那麼自然也要回報給他們熱情的回饋。

這些對生活細節的體察就是對親近的人最大的感謝，用行動去關心身邊的人，才能讓這些無條件關心我們的人感到溫暖。

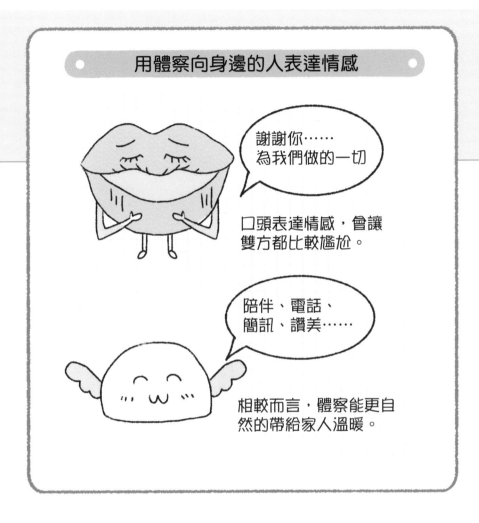

常見三種性格類型觀察

性格是人對現實和周圍世界的態度，也是採取行動時一種特定的行為方式。世界上沒有完全相同的兩個人，也沒有完全相同的兩種性格。所以對於這樣複雜的變體，我們觀察分析的難度也隨之增大。

不得不承認的是，雖然難度大，但是掌握分析對方性格的能力，對初入職場的人來說十分重要。每天我們都在不停的和人接觸，如果你想要與身邊的人和睦相處，必定要先了解他們的性格。和不同的人交往要遵循不同的相處方式，而只有當清楚對方的性格和脾氣之後，才能投其所好，找對最合適的交流方式。雖然我們不能熟知所有的性格種類，但可以概括出最基本、最普遍的幾個性格類型，從而找到確定正確的相處方式。

生活中，常見的三種性格類型的人包括：領導型、搞笑藝人型和學者型。觀察對方的言行舉止，將對方的性格歸類到這三種類型中，能有效提高我們溝通的效

分析性格

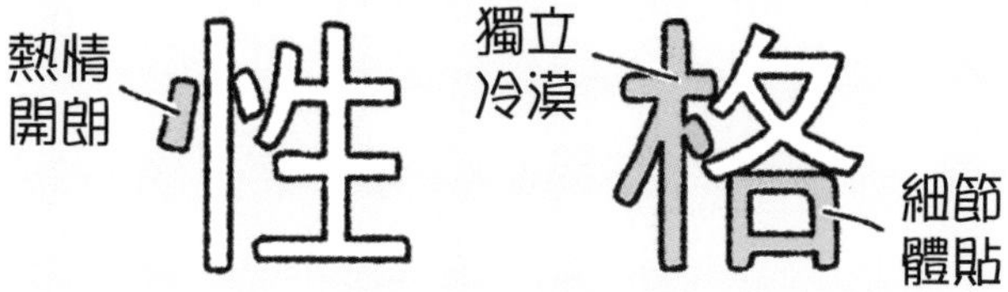

率，達到事半功倍的效果。

1. 領導型性格

領導型，顧名思義，即富有領導氣質的人。這類人一般從小就能力超群，出類拔萃，工作後多為公司裡的領軍人物。如果你觀察到對方的態度熱情、果斷、愛下命令、具有極強的行動力，那麼他很可能是領導型性格的人。與這種類型的人相處時要以同樣的熱情回應對方，他們不拘小節，但要求嚴格、眼光較高，所以要打起全部精神與其相處，千萬不能表現得懶散鬆懈。

2. 搞笑藝人型性格

搞笑藝人型的性格特點一般是喜歡熱鬧、說話快。當你剛進入一個新環境時，在集體活動中表現得最活躍、最積極的那些人基本都屬於此類性格。觀察這類人，你會發現他們的性格十分開朗，喜歡製造開心，有他們在的地方從來不用擔心沒有話題。當然，他們也會有缺點，比如衝動、缺乏耐心，與其相處時要積極回應他們的想法，不如鼓勵他們去行動，而不是漠不關心或者潑冷水。

3. 學者型性格

學者型性格的人是那些知識豐富、理論性強、說話有邏輯的人，理科生偏多。他們總會以一種獨特的視角來觀察問題，以自己豐富的知識，非常冷靜的處理問題，有時會容易忽略其他人的感受。與他們打交道，可以試著以他們的思路思考問題，便能獲得更清晰的解決方法或答案。

其實，人的性格遠不只這三種，但是萬變不離其宗，用心去觀察，你就一定可以分析出對方的大概性格類型。

簡單實踐法

將身邊的人按表格歸類，同時嘗試自己總結出更詳細豐富的性格類型。

性格類型	外在表現	應對方法
領導型		
搞笑藝人型		
學者型		

第7章

馬上可以派上用場的小技巧

1 嘴角最能看出是真心，還是虛情假意

常聽人這樣說：「愛笑的人運氣都不會太差」，可見生活中我們對笑容抱有非常大的好感。尤其是在人際互動中，我們很期待看到對方面帶笑容，但是並不是所有嘴角往上翹的笑意，都是出於真心的。如果你沒有看懂對方的真正意圖，就很可能做出尷尬的事情，甚至做出錯誤的判斷。

小星和小廣剛剛和客戶討論完新專案的進展，小廣很開心的說：「這個客戶這麼和善，新專案一定能拿下。」小星卻擔心的說：「在我看來，難度還是很大的。你別看客戶的樣子和善，如果你仔細觀察，他的微笑並非發自內心，而是一種練出來的不自然的假笑。所以，結果可能並不理想。」小廣不信，但是一週後，客戶確實沒有簽下新專案，小廣對小星的觀察佩服得五體投地。

眾所周知，微笑是職場關係中最簡單、最有效的溝通方式，但我們也要明白微笑中隱藏的不全都是好意，需要仔細觀察。

QUESTION 疑問

人們都說「愛笑的人運氣不會太差」，但為什麼有些人笑起來，卻會讓人感到難受？

ANSWER 回答

因為不是所有的笑都是真笑。
可從嘴角和眼睛去觀察對方的笑，
假笑會讓人覺得尷尬和奇怪。

那麼，人為什麼會假笑呢？很多時候人們用禮節性的微笑化解尷尬；或者勉強撐出笑容掩飾厭煩情緒；當謊言可能被識破時，也會選擇用微笑來掩飾內心的緊張和不安……。

此外，從事服務行業的人都知道，微笑是工作必備的基本功。比如日本壽險業「推銷之神」原一平就曾為了會見客戶，苦練三十九種微笑。現今，市面上甚至還出現了微笑矯正器，利用工具幫助我們練習微笑。但儘管這樣，想要辨別假笑還是有跡可尋的。掌握下面的方法，你一定可以快速識別對方的笑容：

1. 嘴巴比眼睛先笑，是假笑

心理學家經過研究發現，我們的笑容是透過人類面部的兩塊肌肉控制著。第一部分是可以靠意識人為控制的，負責上拉嘴角的肌肉。第二部分是眼部周圍的肌肉，基本上無法受意識控制。所以，自然的笑容一般都是先從眼睛展開，再帶動嘴巴。如果你注意到對方笑的時候，嘴巴和眼睛同時動作，一般都是在假笑。

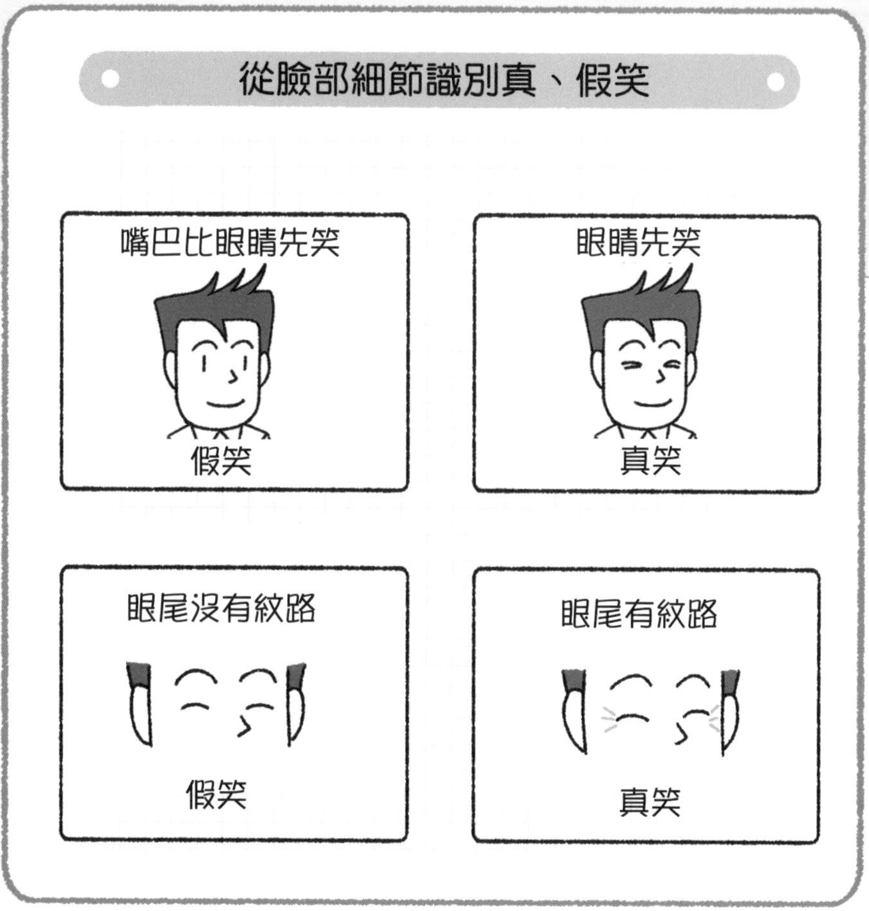
從臉部細節識別真、假笑
嘴巴比眼睛先笑
假笑
眼睛先笑
真笑
眼尾沒有紋路
假笑
眼尾有紋路
真笑

2. 透露一切的眼睛

這裡所說的眼睛並不是眼神，而是觀察對方眼部周圍的肌肉。發自內心的微笑時，雙眼一定會微微瞇起，眼角處也會隨之出現淺淺的紋路；反之，當你發現對方嘴笑眼不笑時，說明對方根本不是發自內心的笑。

生活中有些假笑在所難免，但是能在交流中抓準對方微笑背後的真正意思，則有助於我們明白他人的意圖。

2 缺點不該被討厭，而是承認差別

之前的章節中我們曾提到過「物以類聚，人以群分」，也就是說我們都更傾向於和自己個性相似的人在一起相處。但是，一個人想要和所有人都成為好朋友是不太可能的，而想要不和討厭的人打交道也不切實際。所以，掌握和各種不同性格的人，甚至是和我們討厭的人打交道的方法，就成為了十分重要的事情。

工作中亦是如此，小澤和小池是每天都要見面的同事，也是一對水火不容的「好朋友」。他們在經理的調解下，帶著一項重要任務，而被分配到同一個部門工作，而這個任務就是發現對方的優點。這一招還挺管用，沒過多久，兩人居然能夠和諧相處了，而且配合得很好。後來兩個人都覺得，其實對方也沒自己想像的那麼差，反而都有值得學習的優點。

孔子曾說：「三人行，必有我師焉。」任何人都有其長處和短處，和同事、上司相處時，盡量將個人情感弱化，發現對方的長處，才能讓人際關係更加協調。

QUESTION 疑問

對於合不來的人，真的很難好好相處。但是這樣對自己的成長和發展都不好，要怎麼扭轉這種情況？

ANSWER 回答

每個人身上都有優缺點，當你換個角度看他人的缺點，在某種情況下反而是優點。當你認識到他人身上可以學習的地方後，你們之間可能也不是那麼合不來了。

一百個人就有一百種性格，當看不慣對方的個性和行為時，不要覺得討厭和嫌棄，而是要承認差別。世界上沒有完全相同的兩片樹葉，看到對方的不同，接納它們，不必去強求對方處處和自己一樣。比如自己是個急性子的人，看到同事不疾不徐的反覆核查資料時，想一想對方這樣做的好處，其實目的都是相同的，都是要把工作做好，這樣思考能讓你發現對方的優點。

面對合不來的人時，想要改變環境是比較難的，但我們可以改變自己的心態，找到適當的方法去解決問題：

1. 把合不來的人的缺點寫下來

不妨拿出一張白紙，靜下心來，將對方的缺點寫下來，仔細思量。有的人做事優柔寡斷，但是同時也考慮周全；有的人毫無膽識，卻感情細膩。

2. 根據缺點，思考對方的優點

認識對方的缺點後，拋開成見去想想對方的優點。不僅有助

面對合不來的人，如何轉換心情

第1步　寫下對方缺點

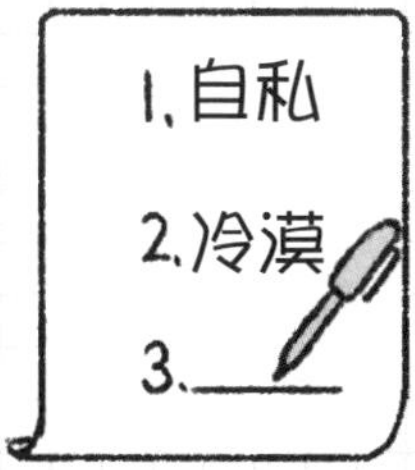

1.自私
2.冷漠
3.

第2步　思考對方的優點

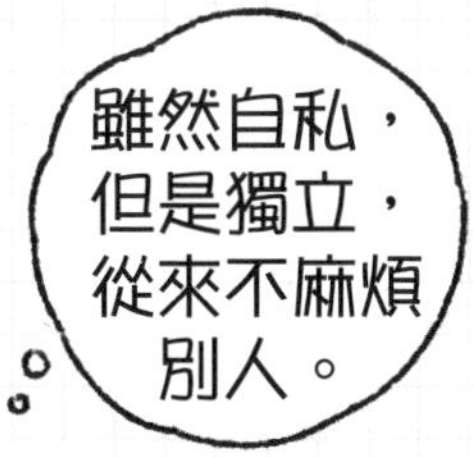

雖然自私，
但是獨立，
從來不麻煩
別人。

第3步　寫下對方優點

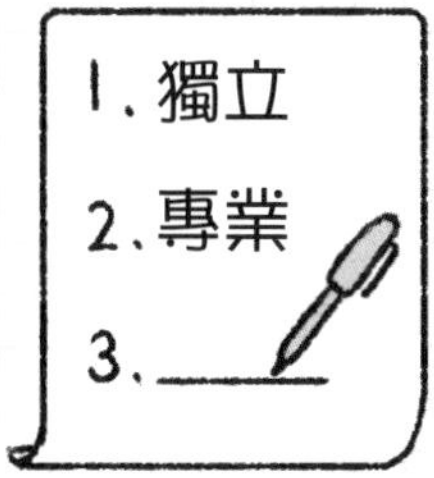

1.獨立
2.專業
3.

於轉換不快的心情，也能夠更客觀的去看待別人。

3. 盡可能的想出對方的優點，寫在紙上

想到對方的優點之後在紙上寫下來，這樣能讓你更直觀的看到對方身上值得自己學習的地方，可能會讓你覺得對方或許並沒有那麼討人厭。

人在職場，想要改變環境很難。但是可以不斷改變自己，從環境中吸收更多成長的養分，這樣才能適者生存。

3 同呼、同吸，互動更順暢

一個頂級的樂隊中，指揮和各聲部的配合至關重要，否則稍有不慎，一個人的或快或慢就可能搞砸整場演出。在職場中，面對形形色色的人，和大部分人保持良好的互動和配合也同樣重要。而同步，就是與他人配合中非常有效的一個方法。我們經常能夠聽到這樣調侃的對話：「我們不在一個頻率上，沒法溝通」、「詞彙量不同怎麼可能在一起」，這些話雖然開玩笑的意味比較多，但背後的意思卻很明顯——不同步會造成溝通不良。

小步到職後，很快就適應了新的工作環境，並學習著掌握和不同人交流的方式。她觀察到小澤是個急性子，做事冒冒失失，於是便使用最簡單直接的語言和他對接工作。而留意到小廣心思細膩，做事慢條斯理時，小步則會放慢語速耐心交流。這樣保持與他人同步的交流方式，讓小步在和不同人溝通時都十分順利。

溝通上的同步帶動了思維方式的同步，保持同步能夠增進雙方的默契關係。

QUESTION 疑問

經常跟別人溝通不順，不知道是別人的問題還是我的問題。可是我已經很努力表達清楚了呀。

ANSWER 回答

出現這種情況很可能是，你與對方的頻率不在同一個層面。可以嘗試在溝通前，觀察對方的狀態、姿勢甚至呼吸，努力與對方同步後再溝通。

保持與對方同步的方法有很多，但都需要先透過觀察對方的說話內容、方式等細節來具體分析：

1. 說話內容同步

俗話說：「話不投機半句多。」要想在與他人交流時避免這種情況，就要隨時觀察對方的說話內容。如果對方想說的是天氣，你卻和他聊工作，那麼就很難繼續順暢的交流下去了。

2. 說話方式的同步，如語速、音量等

對話時首先要觀察對方的語言特點，比如語速、音量、用詞、造句、表達方式等。在這些內容上多加留意，模仿對方的語言特點，用相似的方法溝通，就能取得良好的溝通效果；反之，則會讓氣氛變得尷尬甚至溝通失敗。

3. 狀態的同步，如姿勢、動作等

溝通時還要注意對方的姿勢和動作，這些可以反映出對方

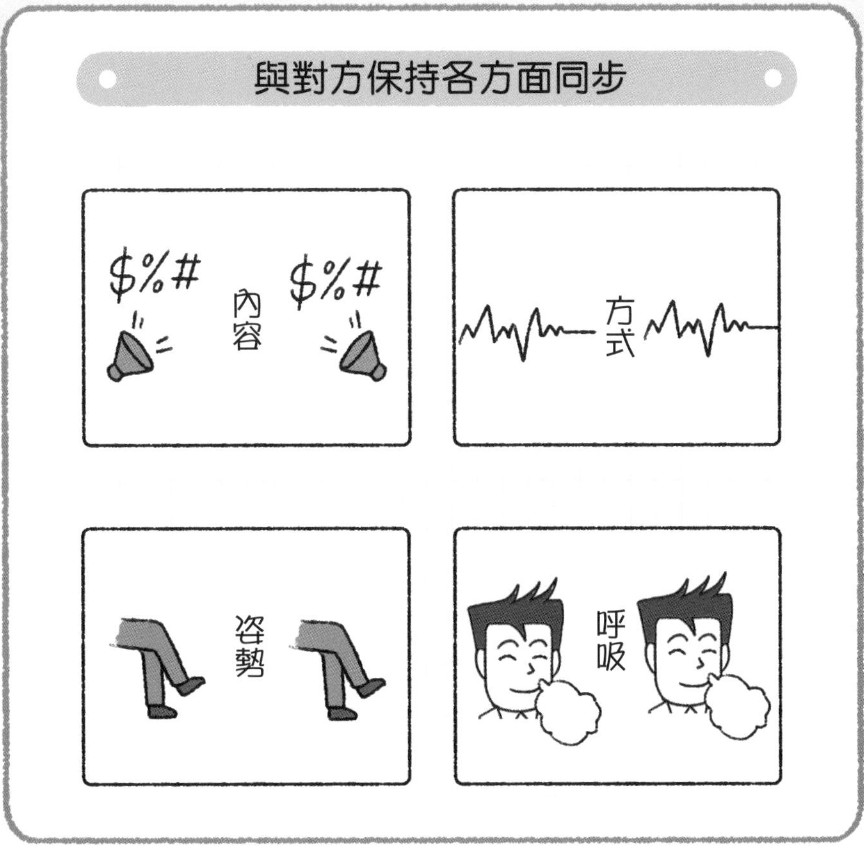

當時的心情，如果對方雙手握拳、身體緊繃，甚至跺腳，那很可能是著急的心理反映，如果你用不疾不徐的態度回應，一定會讓對方更加著急甚至憤怒。

4. 呼吸的同步，同呼、同吸

呼吸的同步也是默契的一種表現，如果你能保持與對方的呼吸同步，會讓對方有一種想要與你溝通的意願。

觀察這類同步並嘗試去做的話，會拉近你和對方的距離，能夠輕而易舉的增進雙方的關係，從而達到良好的配合。

4 福爾摩斯旁邊有華生，你呢？

人的精力有限，當一個人把注意力發散後，就很難將一件事情做到完美，為此不少高效能人士為我們總結了提高專注力的方法，包括番茄工作法（按：指以二十五分鐘為單位，期間專注於一件事情，中間休息五分鐘後再繼續新的循環）、時間管理術等。其實，我們的觀察力也是如此，長時間的觀察會造成疲憊的感覺，需要利用不同的方法來持續提升觀察力的精準度。

小星不僅負責專案的企畫工作，還肩負著為部門廣納賢才的任務。有一次，幾份優秀的簡歷同時擺在小星面前，他有些難以取捨。簡歷中有的人有著極強的專業知識；有的工作五年以上，經驗十分豐富；還有很多海外留學歸國，語言能力很強……小星有了判斷後，找小澤溝通，希望能夠聽到更多的意見，來檢驗自己判斷是否準確。小澤指出這幾份簡歷的優劣勢，並根據公司的具體情況做了分析。小星覺得很有道理，便對照小澤的意見做出了更好的判斷。

QUESTION 疑問

當自己對於周圍的觀察已無法做出決定時，要如何持續提高觀察的精準度？

這幾份簡歷都很不錯，到底選哪份呢？

小澤，剛好你幫我參考一下這幾份簡歷選哪份好。
你把每份簡歷的優劣，跟公司需求做一個比對，就比較好選了。
有道理！

ANSWER 回答

可以借助他人的觀察，來提高自己的精確度。比如在無法做出決定時，詢問他人的意見，但要注意最終做決定的還是自己，不能迷失在他人的建議裡。

在提高觀察力的過程中，最簡單的方法就是把自己的認知與他人交流，以此來檢驗自己的觀察是否到位，以提高觀察的精準度。

熟悉福爾摩斯故事的人，想必無人不被他敏銳的觀察力所折服，但即使是這樣才華橫溢的偵探，身邊也少不了朋友華生的協助。當福爾摩斯對案件的觀察分析沒有靈感時，華生時常會以另外的角度觀察，提供有價值的訊息。可見，身邊人回饋來的有參考價值的訊息，對我們提升觀察力來說大有裨益。

但是，和周圍人交流訊息也並不是毫無原則，否則反而會混淆我們自己的認知，達到相反的效果。

1. 找對交流訊息的人

無法聚焦觀察力，想要找朋友幫忙時，選對人是很關鍵的。比如在面對龐大的資料，觀察分析客戶心理時，如果你找來負責市場行銷的同事幫忙觀察，得到的意見一般都會比較準確；但如果向負責財務的同事提問，那肯定就有失水準了。

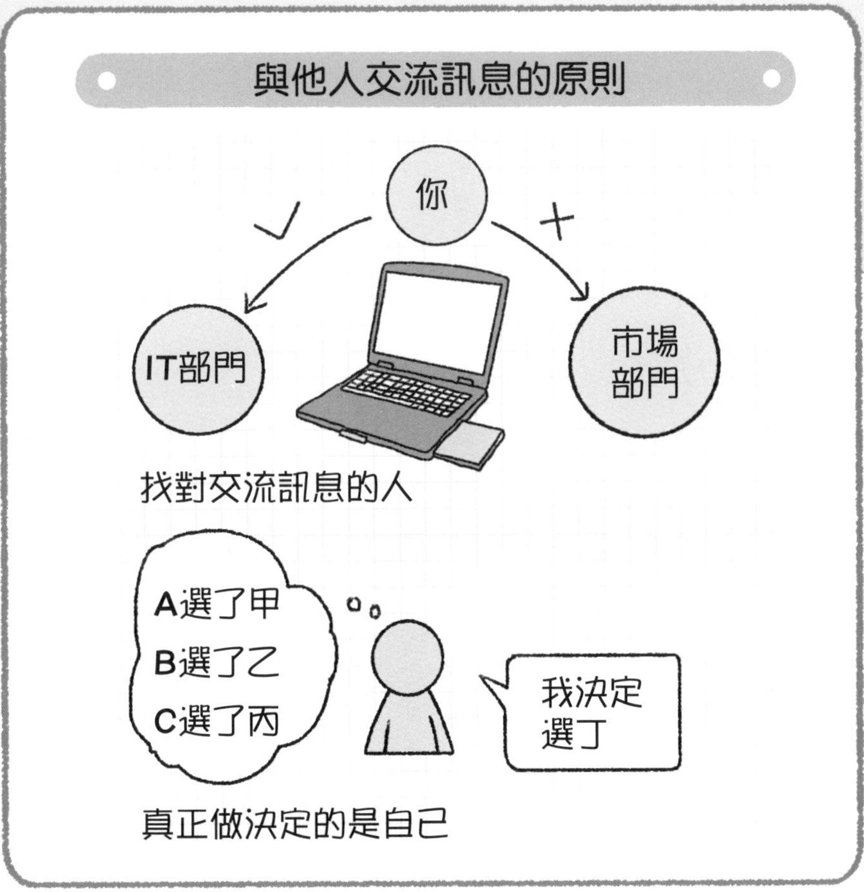
與他人交流訊息的原則
你
IT部門
市場部門
找對交流訊息的人
A選了甲
B選了乙
C選了丙
我決定選丁
真正做決定的是自己

2. 對方提供的訊息只供參考，真正做決定的還是自己

就像我們最開始提到的那個故事中，小星才是擁有決定權的人，其他人所給的意見都只是作為輔助參考。如果，你沉浸在他人的意見中不能做出果斷的判斷，那麼思路只會越來越亂，觀察力也得不到提升。

觀察力的提升也講究方法，只有持續提升觀察力的精準度，才能保證自己的分析、判斷準確，達到事半功倍的效果。

5 工作為何老被挑錯？因為看錯重點

打撲克牌時，如果只把視線停留在自己手中的牌上，輸的機率會比較大。高手不僅能看清自己手中的牌，還能隨時觀察隊友和對手的神態，透過對方出牌的速度、神情、動作等一系列情況進行分析，掌握全局，最終獲得勝利。

如上所說，有些人的觀察視野很狹窄，他們只能留意眼前的事物。而那些能夠將視野放寬廣的人，不僅能增加自己了解更多訊息的機會，也能磨練自己的全局觀點。小池最近工作頻頻出錯，常顧此失彼，在重新審視的過程中，他發現自己的工作主要有以下幾項：專案企畫與實施、客戶維護、產品行銷。由於最近外出頻繁，所以與客戶的交流明顯進展順利，但大大占用了其他兩項工作的時間，導致錯誤的出現。發現問題後，小池馬上從全局的角度，重新調整工作時間的占比，避免再次犯錯。

人的精力有限，只有看清重點，分清主次，以全局的觀點思考，才能掌握全局。

QUESTION 疑問

我剛到職，上司交代的事情又多又雜，我經常忙不過來，顧此失彼。我該怎麼做？

最近出錯太多了！
專案

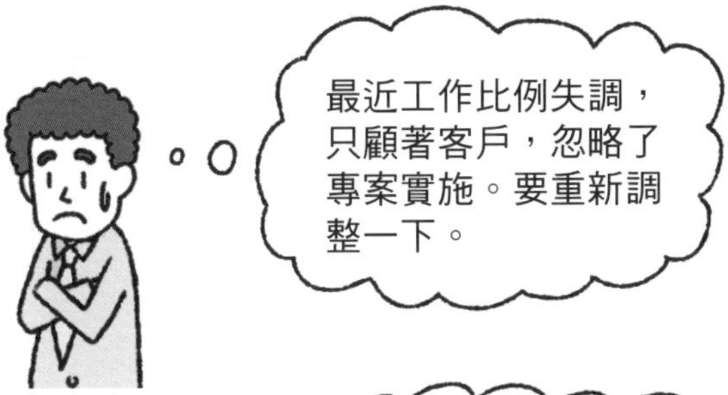
最近工作比例失調，只顧著客戶，忽略了專案實施。要重新調整一下。

用全局觀調整之後，工作順利多了！

回答

要培養自己的全局觀念，統整全部要做的工作有哪些，再合理分配時間與精力。全局觀不僅可以運用在工作中，對生活也大有裨益。

全局觀意味著關注整篇文章，而不是只看文章中的一個標題。以大局為重，明白我們的每一個行動，都只是全部計畫中的一小步。舉個例子，一個人想要保持身材，他應該要考量真正影響身材的所有因素，然後按比例去執行，而不是只關心脂肪攝取量。

總而言之，成功人士的觀察與行動，都建立在全局觀的基礎上，不妨嘗試掌握以下方法，來鍛鍊自己的全局意識。

首先，我們要明白，什麼對我們才是最重要的，此答案我們無法從他人身上獲得，只能根據自己的情況判斷。比如，工作、家人、興趣、戀人、專業等，將它們進行重要性的排序，考量各方面在自己心中的占比，但是不要忘記，所有占比的總和加起來是一〇〇%。

其次，當我們增減所考量的各個方面的比例時，你會如何安排。比如把工作的比例減少時，相對的你願意增加哪方面的比例。這就是一種全局觀的意識。錯誤的考慮方式是，減少了工作

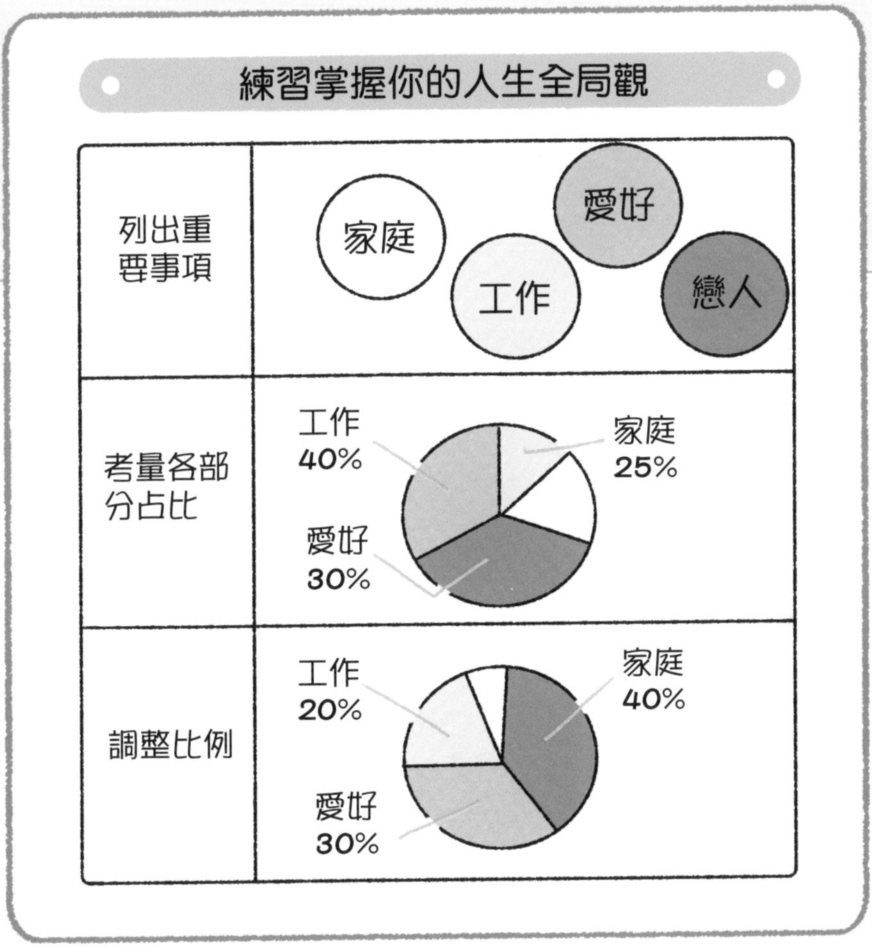
練習掌握你的人生全局觀
列出重要事項
家庭
愛好
工作
戀人
考量各部分占比
工作 40%
家庭 25%
愛好 30%
調整比例
工作 20%
家庭 40%
愛好 30%

的比例，在其他方面卻無增加，這樣做的結果，很有可能是大把的時間被浪費，或者工作、生活出現失衡。

所以，磨練自己的全局視角，能提升自己宏觀層面的觀察力，更清晰的看清自己的目標，以更加有效的方式完成目標。

「關心」的能力，得刻意練習

如果你發現了一處新開的餐廳，正興奮的向朋友介紹，而對方只顧盯著手機，根本無暇抬頭，只說了一句：「你說什麼？」這時，你的心裡會做何感想？我想不舒服是肯定的。那麼回想一下，你自己是否也有過這樣對別人漠不關心呢？

忽略他人的感受會給人冷漠、幼稚的感覺；反之，能夠關心對方感興趣的事，則會帶給人體貼、成熟的感覺。當然，關心也並不是毫無章法，有時候使用不恰當的語言或行為關心對方，反而會造成對方的反感，所以，並不是簡單的去做就能夠行得通。

以下是一組簡單的實踐方法，需要兩人一組完成。簡單練習後，相信你能從中體會到關心對方的重要性，也能找到合適的關心他人的方法：

1. 不關心階段。一人說，另一人不感興趣

兩人面對面站立，其中一個人向另一個人訴說自己最近遇到一件好玩的事情。傾聽人表現出漠不關心的狀態，可以玩手機遊戲、戴耳機聽歌，或者不認真傾聽，

關心他人

只回覆自己想說的事情。之後，讓講述者說一說自己剛才的心理感受，或許是憤怒、難過、尷尬等等，然後兩人關係互換，再次體驗。

2. 產生關心的階段。說者同樣的說，聽者仍不聽，只是看一看說者的頭髮、衣飾等

此階段，兩人繼續聊天，講述者敘述一件最近發生的不開心的事情，傾聽者仍然心不在焉，只是偶爾看一下對方的頭髮、服飾，給對方一個簡單的回饋。然後同樣的，講述者描述一下自己的心理狀態和比對第一階段的心理變化，之後再次關係互換。

3. 感興趣的關心階段。說者同樣的說，聽者表示贊同

接下來，聽者的關心上升了一個階層——用贊同的語言來表達自己的興趣，這樣的做法能給說者更多的回饋，也讓其有信心繼續說下去。

但是此處也需要注意表達回饋的方式，比如對方說：「外面太冷了，我差點就被凍成冰塊了。」那麼，能感同身受的為對方考慮的人會說：「是啊，我能想像到。在外面站了那麼久，真是辛苦了。」這種時候最好不要說：「那你怎麼不多穿點」等類似無法表示同理心的話。

4. 溝通前三個階段雙方的感想

回想一下前三個階段雙方的感想，我們不難看出說者心態的變化：從第一個階段的難過、惱怒，到第二個階段的感覺自己被注意，到第三個階段的心態積極，找到信心。

5. 雙方交換角色練習

說者與聽者兩人交換角色再練習一次，分別體驗雙方心態上的變化。

相信透過這個練習，你一定可以感受出關心的程度對於對方心情的影響，從而在今後的交流中，更加注意關心對方。

簡單實踐法

關心別人並不是每個人與生俱來就會做的事情，不妨根據文中的方法，與家人或者好朋友一起做這個小實驗。相信做完之後，你會更懂得如何關心他人。

第1步

第2步

第3步

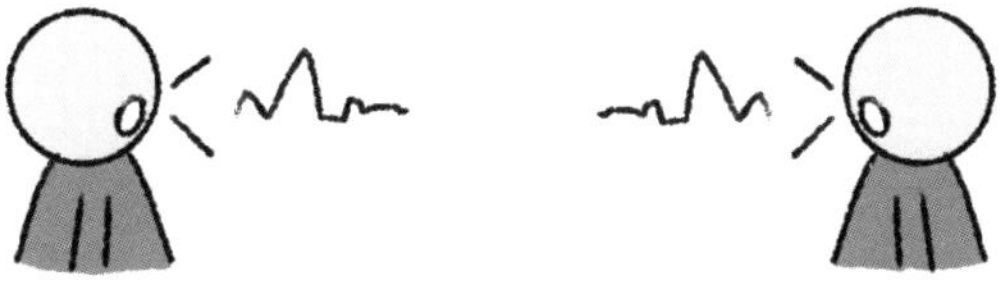

Tips：
遊戲結束時，記得溝通雙方在每個階段的感想哦！

参考&引用資料

【1】 和田秀樹，《「場の空気」を読むのが上手な人下手な人》[M]，東京：新講社，2007：50。

【2】 中谷彰宏，《空気を読める人が、成功する。一機転をきかせてチャンスをつかむ50の具体例》〔M〕，東京：ダイヤモンド社，2005：46-48。

【3】 山本七平，《『空気』の研究》〔文春文庫(306－3)〕[M]，東京：文藝春秋，1983：24。

【4】 内藤誼人，《『場の空気』を読む技術》[M]，東京：サンマーク出版，2004：62。

【5】 佐藤直樹，《なぜ日本人は世間と寝たがるのか：空気を読む家族》[M]，東京：春秋社，2013：30-32。

【6】 田中大祐，《空気を読む力一急場を凌ぐコミュニケーションの極意（アスキー新書 056）》[M]，東京：アスキー，2008：44-45。

【7】 土井隆義，《友だち地獄一「空気を読む」世代のサバイバル（ちくま新書）》[M]，東京：筑摩書房，2008：37-40。

【8】 五百田達成，《察しない男 説明しない女 男に通じる話し方 女に伝わる話し方》[M]，東京：ディスカヴァー・トゥエンティワン，2014：89。

【9】 Stefan Cain. *Becoming Sherlock*：*The Power of Observation & Deduction* [M]，USA： CreateSpace Independent Publishing Platform, 2015:55.

國家圖書館出版品預行編目（CIP）資料

一流人物要有的觀察力：條件不如人，卻能到處吃香，做事被挑毛病，總能迅速逆轉，掌握觀察力，優點馬上被看見。
／速溶綜合研究所著；
--初版-- 臺北市：大是文化, 2018.09
224面；17 × 23公分 --（Think；165）

ISBN 978-957-9164-47-4（平裝）

1. 職場成功法　2. 人際關係

494.35　107009769

Think 165

一流人物要有的觀察力

條件不如人，卻能到處吃香，做事被挑毛病，總能迅速逆轉，掌握觀察力，優點馬上被看見。

作　　者／速溶綜合研究所
責任編輯／蕭麗娟
校對編輯／陳竑悳
美術編輯／張皓婷
副總編輯／顏惠君
總 編 輯／吳依瑋
發 行 人／徐仲秋
會　　計／林妙燕
版權主任／林螢瑄
版權經理／郝麗珍
資深行銷專員／汪家緯
業務助理／馬絮盈、王德渝
業務經理／林裕安
總 經 理／陳絜吾

出 版 者／大是文化有限公司
臺北市 100 衡陽路 7 號 8 樓
編輯部電話：（02）23757911
購書相關資訊請洽：（02）23757911 分機 122
24 小時讀者服務傳真：（02）23756999
讀者服務 Email：haom@ms28.hinet.net
郵政劃撥帳號／ 19983366 戶名／大是文化有限公司

香港發行／里人文化事業有限公司 "Anyone Cultural Enterprise Ltd"
地址：香港新界荃灣橫龍街 78 號正好工業大廈 22 樓 A 室
22/F Block A, Jing Ho Industrial Building, 78 Wang Lung Street,
Tsuen Wan, N.T., H.K.
電話：（852）24192288
傳真：（852）24191887
Email：anyone@biznetvigator.com

封面設計／ Patrice
內頁排版設計／ Judy
印　　刷／鴻霖印刷傳媒股份有限公司
出版日期／ 2018 年 9 月初版
定　　價／新臺幣 340 元（缺頁或裝訂錯誤的書，請寄回更換）
ISBN 978-957-9164-47-4